中国地质大学(武汉)珠宝学院GIC版权引进系列丛书

The Jeweler's Directory of Decorative Finishes

首饰表面肌理

珐琅工艺、金属雕刻工艺、错金工艺、金珠粒工艺等
FROM ENAMELING AND ENGRAVING TO INLAY AND GRAUNLATION

[英]金克斯·麦克格兰斯 著　　李举子 译

译者序

在我国除极个别院校外，设计学学科多设立于20世纪90年代初期，至今只有短短的20多年，首饰设计便是其中重要的一门课程。在社会发展的过程中，首饰设计专业课程体系逐渐丰富，但由于专业建设时间较短、专业学科交叉的特征明显，绝大多数课程没有教材。为了使学生在具有较强的首饰创作实操能力和较为系统的理论知识体系的同时，开拓其国际化视野，中国地质大学（武汉）珠宝学院引进了一系列体现国际水平的首饰设计专业系列教材，《首饰表面肌理：珐琅工艺、金属雕刻工艺、错金工艺、金珠粒工艺等》便是其中一本重要的首饰工艺书。

2005年，译者委托在英国留学的同学帮忙购买了几十本与首饰设计相关的专业书籍，其中就包含了本书。自2007年起，译者开始教授"现代首饰生产工艺"本科课程时，便时时将本书相关知识融入其中。2014年，在美国访问期间，译者又购买了几十本与首饰设计相关的专业书籍。在经多方比较之后，译者认为，不论是从国外课程体系还是从国内课程体系来讲，本书在论述首饰工艺类型之多、介绍方法之简洁这两个方面，几乎没有第二本教材能出其右。

金克斯·麦克格兰斯（Jinks McGrath）具有丰富的首饰设计专业教学经验，出版了多本有关首饰工艺和设计的专业图书。她也是一位知名的首饰设计师，具有很强的首饰设计及创作能力。本书主体内容包含了15种能够产生各种首饰表面肌理的工艺，具体包括拓印和锤印工艺（stamps and hammering）、滚压肌理工艺（roll mill texturing）、熔接工艺（fusing），光亮、轻亚光和深亚光表面工艺（polished, matt and stain finishes），蚀刻工艺（etching），做绿和做旧工艺（patination and oxidization），铸造工艺（casting），冲压工艺（press forming），褶皱工艺（reticulation），金箔和银箔工艺（gold and silver foil），金珠粒工艺（granulation），珐琅工艺（enamelling），金属雕刻工艺（engraving），错金工艺（inlay）和錾花工艺（chasing and repoussé）。本书对每一种首饰表面肌理工艺都分3个部分进行了细致论述：第一部分主要介绍了该种工艺的含义、使用的工具与所需的材料、工艺操作步骤；第二部分是以描述样片制作的形式展示了如何使用该工艺以产生独特的首饰美学表面；第三部分是精美的作品展，这些使用了该种工艺或多种工艺的展示作品来自知名首饰艺术家，对于从事首饰设计具有重要的参考意义。

本书是应用多领域工艺的教科书、参考书、工具书,主要有以下几个方面的特点:

(1)本书论述的工艺种类多、可操性强,是从事首饰艺术创作的基础。本书包含15种首饰表面肌理工艺类型,每一种都有详细的操作步骤及说明,对具体的首饰制作过程具有较强的指导作用;也包含了设计思维的拓展,对于全面提升读者的创意能力有着重要的启发作用;再者,名师的作品展示能使读者更加直观地领悟首饰表面肌理工艺的艺术魅力。

(2)本书具有明显的国际化特征。欧美国家在首饰设计专业的建设方面比较超前,值得我们去学习和汲取。本书是经过多方比较而选定的。

(3)本书在首饰设计领域外也有着广泛的应用。本书涉及的首饰表面肌理工艺均是在金属材料表面进行的(珐琅工艺除外),故所列工艺也可应用于家电、玩具、汽车、工艺品等使用金属材料的领域,且对陶瓷、木制品、家装、平面设计等领域也有一定的借鉴作用。

英文原版书的内容已在教学中被熟读过多次,当时译者乐观估计一个星期便可翻译完成,但实际翻译却经历了数年之久。为了让广大读者能全面、客观地理解每一句、每个单词的意义,即使一小段内容译者都需要仔细揣摩多日才能准确表达原文意思。

虽然译者水平有限,但尽可能多方面地查阅相关资料,对较难的专业术语、语段能够做到和同行讨论、请教,力求客观反映原书作者本意。尽管如此,书中的疏漏、不足、不准确之处无可避免,诚望广大同行不吝指正,也盼望广大读者多提宝贵意见,以便日后修正,非常感谢!

在此过程中,得到了中国地质大学(武汉)珠宝学院领导和同事的指导与支持,也得到了中国地质大学出版社的大力帮助,在此一并致以最诚挚的谢意!

2020年10月于武汉

著者序

当准备开始写这本书稿的时候,我首先想到的是,自己是否能够想出足够多的途径去灵活地利用日常用到的首饰制作工艺来创作不同的和有意思的表面肌理首饰?一旦决定本书囊括哪些肌理工艺,这些担心就没有必要了,一段愉悦的美学探索之旅就此开启。在这段旅程中,我发现了在铜、黄铜、银和金的表面以新的、未经探索的方式创作出独特美学表面肌理的方法。

本书的主体内容展示了15种能够用来产生各种首饰肌理的首饰肌理制作工艺。每种工艺分为3个部分:第一部分为工艺展示,包括使用工具和所需材

料等;第二部分通过展示各种工艺创作的样片来说明如何利用各种工艺产生独特的首饰肌理效果;第三部分是精美的作品展,这些展示的作品来自多个知名首饰艺术家之手。其中,很多富有创意的作品使用了多种肌理制作工艺,使首饰看起来雅致而精细。

实践证明,有些表面肌理效果做起来很难,但我希望提出的方法能带来创意上的持续快乐感而不是挫败感。在尝试新思路方面,少许灵活性和创造力对于首饰艺术家来讲总是必要的。例如,做绿工艺需要多次尝试和犯错,因为成功的肌理效果通常取决于天气状况、使用锯末或化学药品的品质或金属的状态。相较于锤印工艺和熔接工艺,其他工艺(如珐琅工艺、金珠粒工艺或错金工艺)操作起来会花费更多的时间。

一旦做好利用具有表面肌理的金属去创作首饰

的准备，就需要注意两点。第一，如果在首饰件制作之前就要先制作表面肌理，那么，考虑一下它在焊接后在不会损伤肌理表面的前提下是否易于清洗、锉修。第二，如果该表面肌理是通过做绿或氧化工艺来实现的，应确保后期制作过程中不再需要进行加热操作，否则产生的颜色可能会消失。

当将首饰表面工艺应用于制作首饰试样时，我最深切的体会是，一个人的创意和作品可被赋予的内涵是无限的。不同首饰表面肌理的组合应用会产生丰富多变的表面肌理效果，并带来丰富的首饰内涵。在制成一件首饰之前，按照个人设想进行实践尝试是一件非常值得做的事情，因为常常会出现不可预见的效果，而这将改变制成首饰的外观效果。

有时候，使用本书示例的一种或几种表面肌理工艺而制成的首饰外观效果与本书所示的外观效果并不完全一致。这点不用担心，因为这不是该工艺的重点，而且这很可能还是件好事，因为发现了新的、美丽的、令人兴奋的表面美化效果。

目 录

首饰表面肌理概论   001
    健康与安全   002
    如何使用这本书   003
    基本技巧   004

首饰表面肌理效果与工艺   007
    錾印工艺和锤印工艺   008
    滚压肌理工艺   014
    熔接工艺   022
    光亮肌理工艺、亚光肌理工艺和缎面肌理工艺   028
    蚀刻工艺   036
    做绿工艺和做旧（氧化）工艺   046
    铸造工艺   054
    冲压成形工艺   062
    褶皱工艺   068
    金箔工艺和银箔工艺   074
    金珠粒工艺   080
    珐琅工艺   088
    金属雕刻工艺   096
    错金工艺   104
    錾花工艺   112

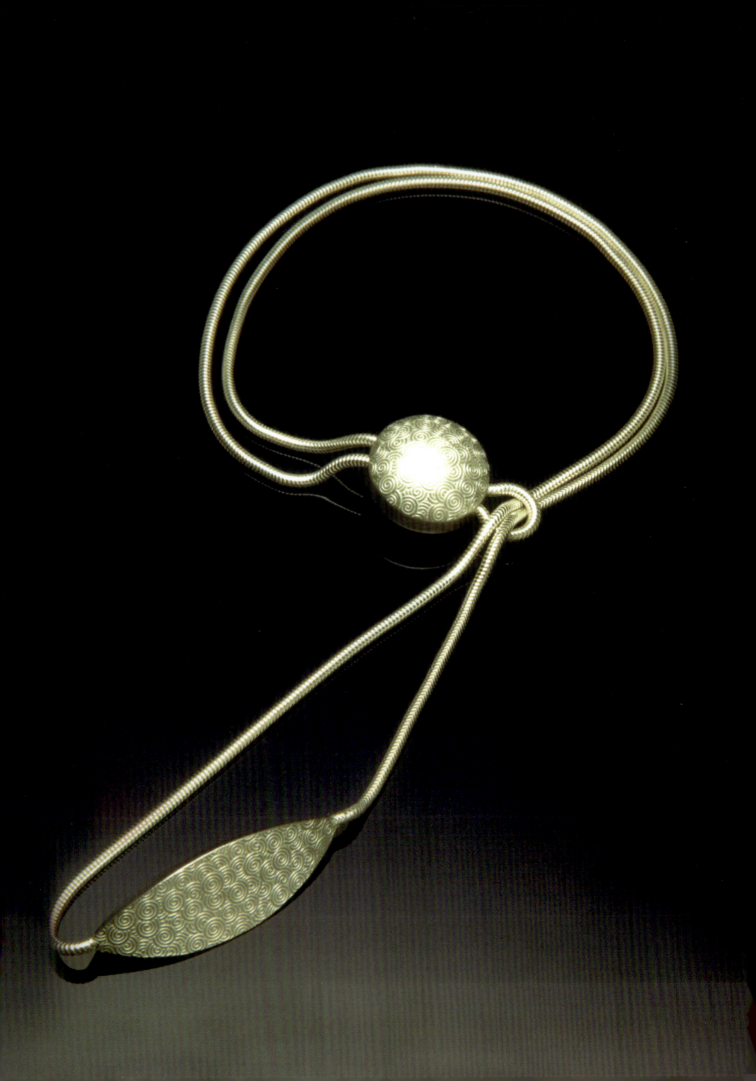

首饰表面肌理概论

健康与安全

首饰制作这项工作常常在灰尘较多且脏乱的环境中进行。如果在一个封闭的环境中进行首饰制作，操作者就需要练习如何小心而安全地使用瓶装气体、易燃液体和腐蚀性溶液。这并不是说首饰制作是一项危险的工作或爱好，而是说粗心地使用这些设备和材质很可能导致事故的发生。首饰制作者务必确保手边有个小的急救箱，以便在有轻微割伤或烧伤的情况下可以方便地取用，并在身边配备小型灭火器，这些都是预防事故的明智之举。

请遵循以下预防措施以避免事故的发生：

- 始终在通风良好、光线充足的环境下工作。
- 在使用完焊枪后，请关闭瓶装燃气的阀口以防止燃气泄漏。
- 化学品或易燃液体不可以存放在无标记的容器中，也不可以存放在儿童能触及的地方。如果化学品可使用金属容器盛装，最好将盛有化学品或易燃液体的金属容器存放在室内温度最低的地方。
- 不要让儿童或动物进入首饰制作工作室。
- 在首饰制作过程中，要把长发束于身后，并避免穿宽松的衣服，以防头发或衣服缠入操作设备。
- 使用化学品、树脂和腐蚀性溶液时，应始终遵循制造商的安全操作规程。
- 当使用高速抛光设备和进行钻孔操作时，请佩戴护目镜。
- 当使用抛光设备和进行任何会在空气中产生尘埃颗粒的操作时，请佩戴防尘口罩。

如何使用这本书

书中的内容安排分3个部分：

第一部分，具体的工艺类型。它的内容包括工艺名称、工艺背景信息、必要的工具和材料、清楚的工艺解释、清晰的操作说明及其相关图片和安全贴士。如文中所介绍的熔接工艺就属此类。

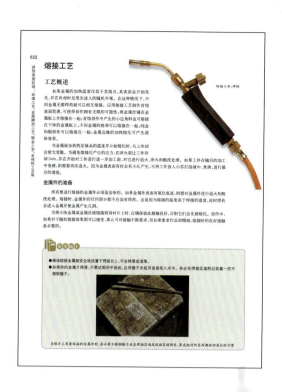

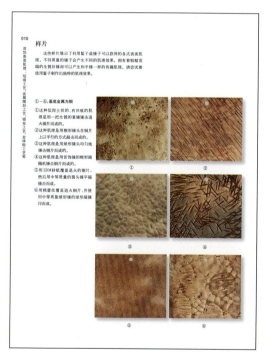

第二部分，样片展示。它的内容包括样片用到的工艺、样片展示及操作方法。

第三部分，作品展。它的内容包括用到的工艺、组合多种工艺制成特色首饰的美图、作品名称、使用材料清单、工艺描述，还包括将该作品与一个或多个使用近似工艺制成作品建立联系的序号图标。

基本技巧

退火

退火是指通过加热使金属软化的过程。它的具体过程如下:把金属件放在焊接台上,使用柔和的火焰加热整个金属件,将火焰开大些并沿着金属加热,这比使用小火焰加热金属的效果要好。加热过程中,金属表面首先会因氧化而变黑,随后开始变红,继续加热使它呈暗红色,并使这种暗红色持续大约5s,最后关掉火焰,让金属冷却几秒钟后进行淬火和浸洗操作。

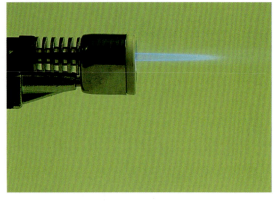

注意火焰最热的部位位于两个蓝色火焰的内部尖端,大概是整个火焰2/3处至尖端的区域

焊接

焊接是将两块或多块金属永久性地连接在一起的方法。首先,将需要连接的区域清洁干净并确保各个连接部件能够彼此紧密对合。然后,将助焊剂涂抹于焊缝及其周边。使用刷子或不锈钢镊子将高温、中温或低温小焊片置于焊缝处,焊片应同时接触焊口两侧的金属。点燃焊枪使用柔和的火焰加热焊接区,含水的助焊剂在被加热时会起泡,并因变干而固着于金属上。此时,把焊枪火焰调大以加热焊缝两侧金属。为了使焊药流动,焊接的温度要比退火温度高出很多。如果使用高温焊药,需要将金属加热至亮红色;如果使用中温或低温焊药,需将金属加热至红色,这样焊药才能流动。当焊药流动时,将会看到一条亮银(或金)线进入焊缝或包裹焊缝。使焊药的流动持续1~2s后,停止加热。最后,淬火并酸洗首饰件。

根据加热工件的尺寸选择火焰大小,避免使用太细小的火焰

条状和片状焊药

值得注意的是,当焊接件的材质为金时,为使焊接牢固,各个连接件之间必须对合得非常紧密,甚至比焊接银时的焊缝更为紧密,并且焊片应非常小。由于金焊药的流动方式与银焊药的不完全相同,故而使用较多的小焊药片比只使用少量大焊药片的焊接效果要好。

焊枪

淬火

淬火就是将热的金属放入冷水中，使金属快速冷却的方法。在退火或焊接后，可将金属在空气中稍微冷却，然后用不锈钢或黄铜镊子夹起金属放入盛有冷水的容器中，使它快速冷却。不同K数的黄金，其淬火和浸洗的方式会略有不同，有些可能需要在淬火前完全冷却。大多数供应商会提供不同K数和颜色的黄金应该如何进行淬火操作的工艺信息。

用镊子夹着金属放入冷水中

浸洗

金属经过退火和淬火后，通常紧接着会经过浸洗工序。浸洗可以去除金属表面的氧化物和残余助焊剂，并清洁金属。最常见的浸洗溶液有明矾溶液（配比是两汤匙明矾和0.568L水）、安全浸洗液（按照制造商指南进行配比）、稀硫酸溶液（浓硫酸与水的体积比为1∶10）。

不论是使用火焰直接加热盛有浸洗溶液的容器，还是使用电烧锅水浴加热塑料容器中的浸洗溶液，都能使这些浸洗溶液保持较高温度，并明显提高浸洗效率。

浸洗开始前请务必时刻佩戴护目镜和手套，并使用合适的镊子或钳子将工件放入浸洗液中

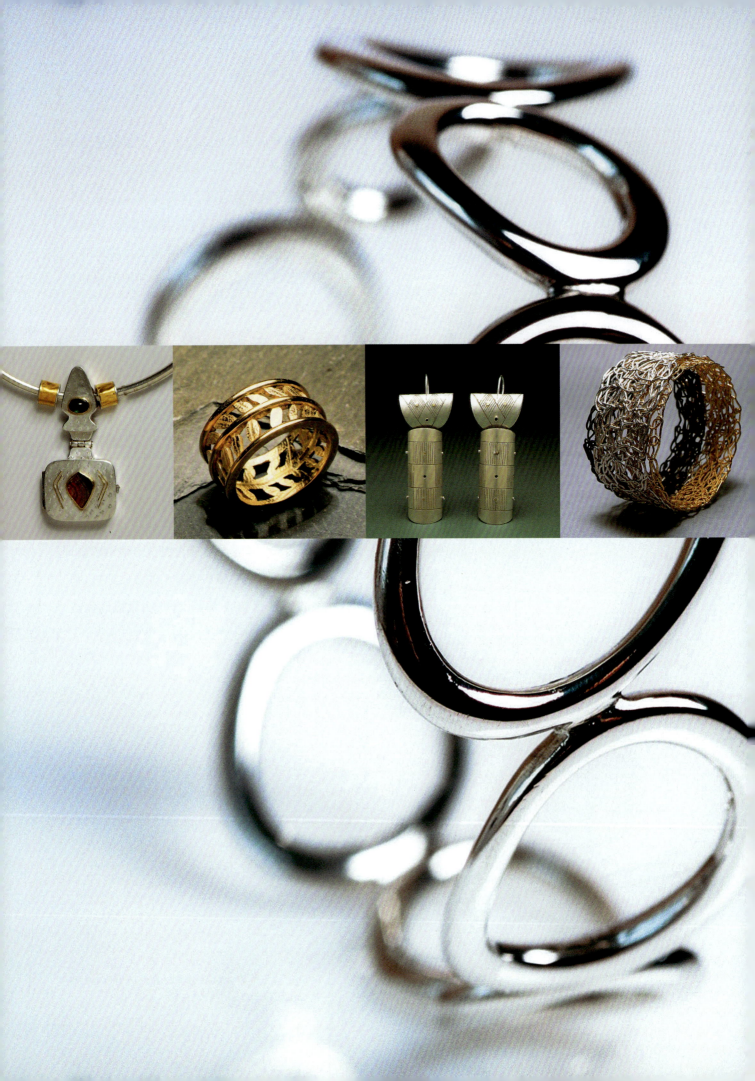

本书详细介绍了制作首饰表面肌理关键工艺的方方面面，包括所必需的工艺技术、工具和材料。从珐琅工艺到铸造工艺，从金珠粒工艺到酸蚀工艺，每一种首饰表面肌理都配有详细的文字解说和丰富的步骤图展示，以帮助操作者实现预想的效果，并激励他们通过实验进一步深入探索。

每种肌理效果的介绍可分为3个部分：

第一部分从清晰的分步操作说明及详细的工具列举这两个方面，详细描述了获得此种表面肌理效果所用到的工艺组合。

第二部分展示了系列有着不同表面肌理效果的样片集，并对每种肌理效果的制作方式进行了说明。

第三部分为应用该种肌理工艺的当代专业首饰作品展，这些作品富有灵感，美得令人心醉。

錾印工艺和锤印工艺

工艺概述

　　錾印工艺使用的工具为錾子。錾子的錾头处刻有纹理，通过操作可在金属表面准确地錾印出精细的图案。商业化生产的錾子一般使用硬质钢材，錾头处可见被专用刀具车出的凹凸图案，图案的精细程度令人难以想象。适合小规模使用并具有简单图案的錾子可以买到，也很容易自制。

　　锤印常常应用于大件银器件（如大盘或烛台），是将金属件敲击塑形的产物。在首饰制作过程中，金属表面的锤印在金属件造型前、后都可以进行操作。

　　锤子的两头都可在金属表面锤印出有趣的肌理。平的锤头，尤其当它是旧的并留有印痕时，可在加工件表面留下随机肌理。圆形锤头可以在加工件表面产生圆形肌理，楔形锤头可以制作出或窄或宽的线性肌理。

錾子制作

　　制作錾子需要工具钢条。有色金属供应商可提供边长为5~6.35mm的方形钢条和直径为15~19mm的圆形钢条，具体尺寸可根据所需制作錾子的大小确定。将条形钢切成10cm长的钢条。錾子的制作过程如下：

　　(1) 用焊枪加热整根钢条，直至钢条呈樱桃红色，让它在空气中自然冷却。

　　(2) 切削、锉修，将錾子较软端修整成想要的图案。当修整好其顶部肌理纹时，肌理图案应清晰且凸出。

　　(3) 重新加热整个钢条至亮红色，然后淬火使之硬化。铅比银或铜更软，可在金属铅表面敲击錾子进行錾印以检查錾头图案效果，如果有需要，可重新锉修或切削錾头以调整图案形貌。

　　(4) 用砂纸和抛光绒轮分别抛光钢条，注意观察有图案的这头。抛光能使钢条在回火时的颜色变化观察变得更为容易。

各式各样的錾头

使用锉刀可对退火的钢条进行整形。其他可使用的工具有装在吊机上的金刚石机针（可在錾头部位车出凹痕）等

锤子[从下至上分别为平头锤（小）、圆头锤、楔形锤、首饰锤]

 安全贴士

● 使用锤子敲击金属件时要时刻小心，手指应远离锤头。如有必要，可利用一对钳子或小的手持工具紧紧夹住锤柄再进行工艺操作，这样可以留出一定的安全空间。

錾子的回火

回火时，先在錾头上涂一点肥皂以保护已有图案。从錾子尾部（没有图案的那端）开始加热，缓慢移动火焰至錾子头部（有图案的一端）。加热时，注意观察带图案錾头的颜色，一旦出现草黄色，在水或油中淬火。回火能使錾子变硬且不易碎。

錾子的使用

将待錾印的金属片放于铅块之上，二者之间可垫一层皮革、花布或软纸。手握錾柄，使錾子直立于金属片之上，并用锤子用力敲击錾子尾部使图案拓印至金属表面。可用钢板代替铅块，但金属片不能太薄，否则金属片会在錾印过程中卷曲并变硬。

回火使得錾头硬化（錾头回火的温度要低于使錾子呈红色时的温度，红色对应的温度会使錾子退火并软化。在錾子加热至呈草黄色时回火能够确保錾头获得足够硬度）

铅块质地坚固，但不太硬，这样方便通过击打錾子将錾头图案拓印至退火银片上（图中，银片与铅块之间放了双层纸巾，以免银片被铅块污染）

锤头平敲于银片表面可形成随机的肌理效果（在进行下一步操作前，应将银片表面的附着物或油污清洗干净）

锤印工艺

不论是在金属件造型前，还是在金属件造型后进行锤印工序，其操作步骤是一样的。对于普通戒指而言，先将金属制成戒指再进行锤印，其纹理相对较容易形成。锤印会使金属发生延展，这对戒指尺寸的影响必须在刚开始测量时就予以考虑，或在实施锤印工艺后再立即进行戒指尺寸的调整。需要进行锤印工艺的金属应先进行退火处理并固定在钢块或钢板上，锤头、金属件、钢块（板）三者应密切接合。金属件在加工时会变硬，如果要在其表面锤印出更多纹理，需要对它再次进行退火处理。

用锤子的球形端在银片表面敲出的肌理（当需要轻浅的肌理纹时，可将银片放于小块钢板上进行锤印操作）

样片

这些样片展示了利用錾子或锤子可以获得的各式表面肌理。不同质量的锤子会产生不同的肌理效果。拥有着粗糙顶端的生锈旧锤却可以产生和平锤一样的有趣肌理。请尝试着使用錾子制作出独特的肌理效果。

①~⑥：基底金属为铜

① 这种似泥土状的、有凹痕的肌理是用一把生锈的重锤锤击退火铜片而成的。

② 这种肌理是用楔形锤头在铜片上以平行的方式敲击而成的。

③ 这种肌理是用球形锤头均匀地锤击铜片而成的。

④ 这种肌理是用首饰锤的楔形端随机锤击铜片而成的。

⑤ 用220#砂纸覆盖退火的铜片，然后用中等质量的圆头锤平端锤击而成。

⑥ 用棉蕾丝覆盖退火铜片，并使用中等质量球形锤的球形端锤印而成。

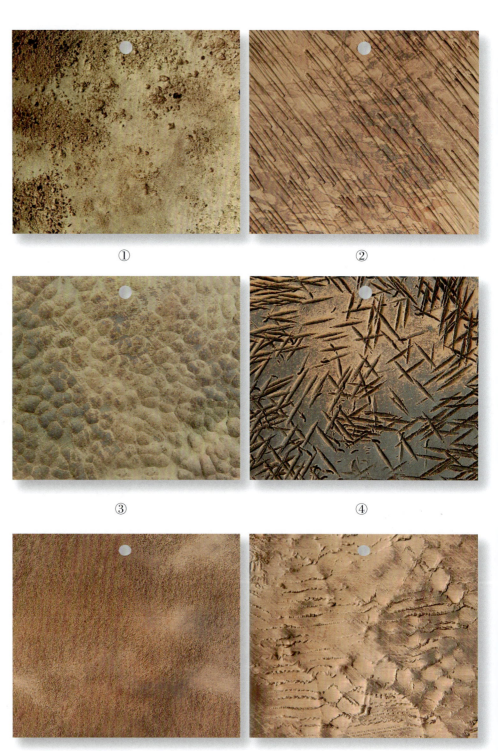

操作要点提示

- 始终将工件放在坚实的操作平台上，如钢板或钢桩、硬木或铅块等。
- 试着垂直击中金属件。如果锤子与金属件成锐角，它会在金属表面上留下深且难以除去的锤痕。
- 锤击会使金属变硬。记住要每隔一会儿（间隔时间应相同）就对金属工件退火，以使金属件保持足够柔软。
- 当用錾子做标记时，快速地猛击可避免图像失真。

⑦~⑬：基底金属为银

⑦ 使用中等质量球形锤的平端敲击小线錾，使线錾錾头均匀地作用于退火银片表面。

⑧ 用丝线将退火银片捆绑好，并置于钢板之上，用锤子的平端敲打丝线，在银片正反面锤印出的线形图案。

⑨ 使用锤子敲击錾头图案为心形的錾子，使錾头作用于退火银片上，并在其背面形成心形图案。

⑩ 使用小的曲线錾子在退火银片上錾出的花形图案。

⑪ 使用首饰锤的楔形端在退火银片表面敲出的交叉线图案。

⑫ 使用錾头图案为凹圆形的小錾子在退火银片上多次敲击而形成的系列圆形图案。

⑬ 使用錾头图案为花形的錾子，采用重叠方式錾印出的花头相连图案。

⑦

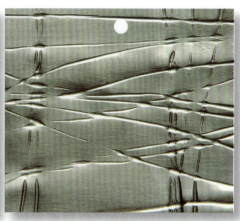
⑧

⑩

⑨

⑪

⑫

⑬

作品展

在压片机被发明之前，所有的金属件都是经过锤打变薄的。经深思熟虑的锤印作品及手工錾印出来的图案是非常美丽的，它们非常清晰地表明了图案是如何形成的及作品是如何被制作出来的。

婚戒

制 作 者：Jonathan Swan
材　　质：18K黄金
工艺描述：使用生锈的锤子锤印出手工戒表面肌理，使用錾子錾印出"爱是盲目的"（盲文）

熔接项链

制 作 者：Shelby Fitzpatrick
材　　质：925银、22K黄金
工艺描述：带有粗犷黄金螺旋纹的圆丘状银片与带有锤印肌理的盘状银片相间排列

碧玺盒式吊坠

制 作 者：Jinks McGrath
材　　质：925银、18K黄金、碧玺
工艺描述：独特小盒的主体为银，其表面肌理是錾印而成的，其表面的金线采用了熔接工艺

锤印叶形手镯

制 作 者：Shimara Carlow
材　　质：925银、18K黄金
工艺描述：叶形银片上有锤印的线状肌理

网眼手镯

制 作 者：Reinier Brom
材　　质：钢、红铜、黄铜
工艺描述：先将金属件锤打成形，然后在压片机上滚压出网状肌理，最后经过加热氧化使手镯产生颜色

滚压肌理工艺

工艺概述

使用压片机可以使大多数金属的表面发生转变。这是一个相对快速、简单且有趣的过程,同时还可进行大量试验创新。

压片机看起来像台重型设备,它由两个硬化光亮钢滚辊组成。对于初学者来说,压片机不太可能位列其购物清单之首,但他们大多都会在大学期间接触到这种有用的设备。平的钢制滚辊用于压平金属片,带沟槽的钢制滚辊用于制作金属丝,带肌理的钢制滚辊用于在金属条上压出肌理纹。调节两个滚辊的间距(辊轴间距)可以使金属片在不同的压力下滚过,从而使金属片变薄。尽管压片机的传统用途是使金属片变薄,但它们也可以几乎将任何图像或肌理拓印到金属件表面。不要试图过快地减小金属片的厚度,太快的形变可能会使金属片开裂。

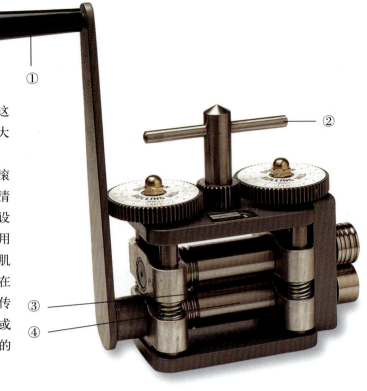

压片机
①手动手柄;②"T"形手柄(用于调节辊轴间距);③金属件放置部位(辊轴间距可调节);④抛光硬质钢辊

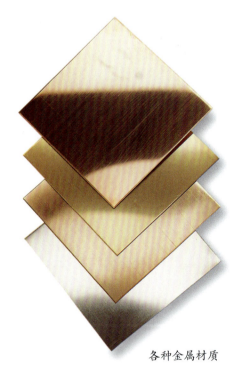

各种金属材质

金属件的准备工作

将需要制作肌理的金属件退火并清洁。退火使金属的可塑性增强、硬度变软,从而为肌理制作做准备。在金属选择方面,纯铜、黄铜、银、金或铝等都适用于肌理制作;铂金、K白金、镍和青铜由于硬度太大而难以获得令人满意的表面肌理效果;钢或钛则不适用于肌理制作。

安全贴士

- 压片机是一种非常安全的设备,但操作时应始终确保将它正确地固定在坚固的操作台上。
- 确保手指不会被夹在滚辊之间。在金属片退火时,注意避免酸烧伤。
- 切勿使用潮湿的金属件,以免造成滚辊生锈。
- 切勿使用钢、钛、砂纸或其他坚硬材质,以免损坏滚辊,除非它们被安全地夹在黄铜或纯铜之间。

肌理材料的选择

良好的肌理拓印效果需要选择合适的肌理材料,例如水彩纸、纺织物或有机材料(如精致的羽毛等)。将肌理材料切割成合适大小以适合金属件的尺寸。尽可能多地进行试验,所选材料的结构肌理或图案将决定成品的表面效果。是想要一些微妙的、质感很强的效果?还是想要大胆的、戏剧性的效果?肌理材料运用的多种可能性使得作品的创作效果几乎有着无限可能。

可以尝试各种各样的肌理材料,以实现广泛的凹凸肌理效果

当向下转动手柄时,会有阻力感

压片机的使用

(1)当金属片通过压片机时,其厚度会变小。压片机顶部的"T"形手柄可调节辊轴间距的大小。转动手动手柄,滚辊会将金属片拉入并压薄。

(2)压片机也可用来在金属表面制作肌理。将两个滚辊调节至精确尺寸并同时压紧金属片和肌理材料,大多数肌理材料都会把图案拓印在金属件表面形成肌理。蕾丝材质窗帘的拓印效果特别好。即使像头发丝这般精细的材料也可在退火的银片上留下明显的肌理效果。如果必须非常用力转动手柄才能使压片机运转,则表明辊轴间距太小了。一个大致的经验是,辊轴间距以能用一只手略感吃力地转动把手为宜。压片机使用完毕后,务必记得清洗滚辊。

一种平的并有规则间隔孔的编织物被用来在银片上创作肌理效果

压片机制作的一系列浮雕效果
表面肌理

样片

以下是仅使用滚压肌理工艺可完成的少量肌理图样。从示例中可以看出,该工艺不仅可以制作出非常细微的肌理效果,还可以制作出大胆且凹凸感很强的表面肌理效果。做绿工艺或做旧工艺可以进一步增强这些肌理的艺术效果。

①~⑪:**基底金属为铜**

① 以320g粗水彩纸为肌理材料,滚压。
② 以细黄铜网为肌理材料,滚压。
③ 以4/0级石榴石砂纸为肌理材料,滚压。
④ 将弯曲的钢丝缠绕在金属件上,滚压。
⑤ 以旧窗帘上的蕾丝为肌理材料,滚压。
⑥ 以带孔钢板为肌理材料,滚压两次,第二次的滚压方向垂直于第一次的。
⑦ 以钩针编织的亚麻布为肌理材料,滚压。
⑧ 以带有花卉图案的蕾丝为肌理材料,滚压。
⑨ 以绳子为肌理材料,滚压。

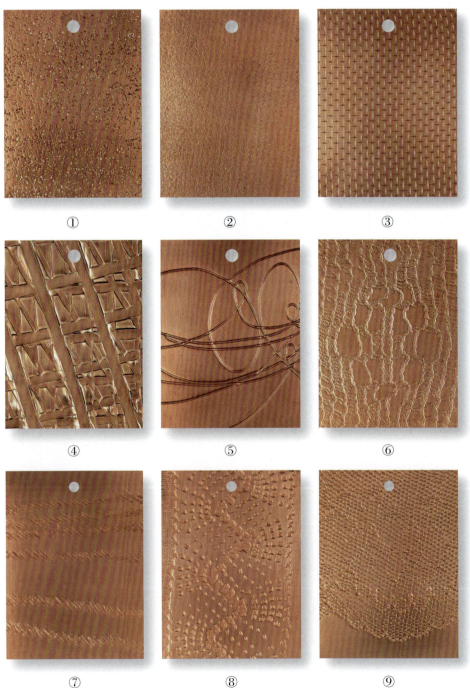

操作要点提示

- 不要过度拧紧压片机,这可能会使纸张、有机材料等肌理材料拓印至金属表面的精细微表面肌理变平而不明显,或使较粗材料(如金属丝等)将金属片压穿。
- 如果想把一种肌理与另一种肌理重叠,先从粗犷的肌理开始。
- 对于较细微的肌理,允许肌理在后期成形或锉修操作过程中有部分损失的可能。同时滚压两种肌理材料时,确保它们具有相近的厚度,否则较薄材料的肌理效果会被减弱甚至可能不被呈现出来。
- 必要时,削平或削减有机材料的高凸部位,如剪去粗叶茎、粗羽毛管。
- 确保有机材料在滚压前是完全干燥的。
- 用丝绒擦洗金属件,可使细微的肌理效果得以更好地呈现,并提升金属的亮度。

⑩以干叶、纸和穗带为肌理材料,滚压。

⑪以细铜线团为肌理材料,滚压。

⑫~⑭:基底金属为黄铜

⑫使用羽毛为肌理材料,滚压。

⑬以一种日本产的纸,滚压。

⑭以有孔钢板为肌理材料,滚压。

⑮~⑰:基底金属为银

⑮以叶茎为肌理材料,滚压,并用做旧工艺使肌理凸显。

⑯以裁切的带图案水彩纸为肌理材料,滚压。

⑰以从黄铜切割下的圆片和圆环为肌理材料,滚压,再用硝酸铜进行做绿处理使肌理突出。

⑱:基底金属为镀金金属

⑱以干树叶为肌理材料,滚压。

作品展

使用压片机进行图案的拓印，可以得到有无限种可能的肌理效果。从利用水彩纸获得平滑和精细的肌理效果，到几何图案项链中带有明显凹凸感钢网的完整呈现，以下作品展现出了这种肌理工艺的艺术多样性。

滚压条带状项链

制 作 者：Robert Feather
材　　质：18K金（黄色、白色、红色、绿色）、蓝宝石
工艺描述：各色条带状黄金组成的吊坠，看起来很和谐一致，细微滚压肌理

双戒

制 作 者：Jinks McGrath
材　　质：925银、18K黄金
工艺描述：用金丝围住两粒宝石形成镶嵌结构，银戒壁带有滚压织物肌理

镂空戒
制 作 者：Jonathan Swan
材　　质：18K黄金
工艺描述：叶形件表面印有
　　　　　精细的叶脉肌理

首饰表面肌理效果与工艺

肌理戒
制 作 者：Lisbeth Dauv
材　　质：925银、18K黄金
工艺描述：此系列戒指戒面肌理采用滚压肌理工艺。
　　　　　肌理材料取材广泛，包括纺织物、网孔材
　　　　　料和剪纸

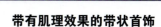

带有肌理效果的带状首饰
制 作 者：Georgina Taylor
材　　质：925银、18K金，各种宝石、玻璃和贝壳
工艺描述：首饰看起来十分华美，可拆分成一条项
　　　　　链和两条手链，以纸模板为肌理材料
　　　　　形成的肌理

首饰表面肌理：珐琅工艺、金属雕刻工艺、错金工艺、金珠粒工艺等

串珠手链

制　作　者：Jinks McGrath
材　　　质：925银、非洲琥珀、玛瑙、珠子
工艺描述：手链五颜六色，其中的盘状银片表面使用了压片机制作肌理，并结合了熔金工艺、金珠粒工艺，增强了肌理的整体视觉质感

螺旋肌理戒

制　作　者：Lisbeth Dauv
材　　　质：925银
工艺描述：凸起的螺旋状肌理使戒指更加精美

几何项链

制 作 者：Shelby Fitzpatrick
材　　质：925银
工艺描述：这条项链部件上的肌理是利用不锈钢网滚压拓印出来的，十分引人注目。具有几何图形肌理的小圆盘间隔分布于大圆盘之间，两者形成显著的对比

叶形胸针

制 作 者：Robert Feather
材　　质：18K金（黄色、白色、绿色）、斜长石、钻石
工艺描述：此作品利用水彩纸和压片机在黄金上滚压出精细的肌理，这种肌理效果与镶嵌的两粒宝石一样引人注目

熔接工艺

工艺概述

如果金属的加热温度仅低于其熔点,其表面会开始发光,并在冷却时呈现出迷人的随机外观。在这种情况下,不同金属无需焊药就可以相互熔接。应用熔接工艺制作首饰表面肌理,可使得创作拥有无限的可能性:将金属丝铺在金属板上并熔接在一起;首饰创作中产生的小边角料也可熔接在干净的金属板上;不同金属的锉屑可以熔接在一起;纯金和银部件可以熔接在一起;金属边缘的加热熔化可产生流体效果。

当金属被加热到足够高的温度并开始熔化时,马上冷却会使它变脆。为避免熔接后产生的应力,在淬火前让工件冷却1min,并在开始对工件进行进一步加工前,对它进行退火、淬火和酸洗处理。如果工件在随后的加工中变硬,则需要再次退火。因为金属表面有时会有小孔产生,可将工件放入小苏打溶液中,煮沸,进行最后的清洗。

金属件的准备

所有要进行熔接的金属件必须是洁净的。如果金属件表面有氧化痕迹,则需对金属件进行退火和酸洗处理。熔接时,金属件的任何部分都不应该有焊药。这是因为熔接的温度高于焊接的温度,此时焊药会进入金属并使金属产生孔洞。

当将小块金属或金属丝被熔接到母材片上时,应确保彼此接触良好,否则它们会先被熔化。创作中,如果对于随机熔接效果都可以接受,那么可对接触不做要求,但如果要求作品很精细,熔接时的良好接触是必要的。

熔接工具:焊枪

安全贴士

- 确保熔接金属被安全地放置于焊接台上,不会掉落或滚落。
- 如果热的金属片掉落,不要试图用手捡起,应用镊子夹起并直接放入水中。务必在焊接区域附近放置一把不锈钢镊子。

当银片上有要熔接的金属件时,务必将不锈钢镊子放在焊接区域或熔接区域附近,养成把任何东西都放回原位的习惯

熔接金属

当将一种金属熔接于另一种金属之上时,应根据两者熔点的不同选择合适的熔接温度。对于低K数的金合金,尤其是9K金,需要仔细控制熔接的温度,如果加热温度比银的熔点更高,9K金有可能会熔化并扩散到银中去。

如果作品最后需要打上印记,不要将银或铜熔接在任何金合金上,同样地,铜也不应与银熔接。

熔接步骤

(1)将大的银片(母板)和待熔接的小工件及助焊剂准备好,并放置到合适位置。

(2)首先,加热银片底部。当银片变红时,火焰上移,均匀加热其上表面。随着热量的增加,当小工件开始熔化且银片发亮时,将火焰贴近至小工件周围,并使小工件底部周围保持亮红色直至熔接完成。

(3)关闭焊枪,让小工件在空气中冷却1min左右,然后淬火、酸洗,以确保它清洁完全。

当熔接发生时,银的表面变成液态

进一步加工

(1)将小且平的工件熔接于银片上后,利用压片机将小工件压入银片中,或借助砂纸滚压产生美丽的肌理效果。

(2)如果小工件在熔接过程中发生脱落,则对小工件退火并再次进行熔接操作。如果熔接工件在焊接过程中发生脱落,则需对整个银片和工件退火,将脱落件放回原位,并在工件边缘加入少量的焊药,将工件焊接至原位。

颗粒非常细小的金粉被熔接于银片之上,经压片机滚压形成了精细的肌理效果

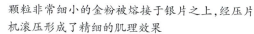

为了获得有趣的波动效果,热焰直接对焦于银的边缘

样片

通过熔接工艺，制作者可以获得一些真正有趣的表面肌理，如仅加热母片（基底金属）至开始熔化可以形成起伏表面，或者加入小块的相同或不同金属通过滚压形成肌理。熔接有时可以代替焊接来创作作品，例如利用熔接可以不使用焊药将银或高K金戒指各自的开口合拢。

①~⑫：基底金属为银

① 从废料盒中取出一些小块银料并放于大的银片之上，加热使小块银料熔接于大的银片之上。

② 将多个不同长度的小银片放在较薄且大的银片上，加热使它们熔接在一起，并在局部烧穿大银片，形成穿孔。

③ 加热铜线所在的银片表面直至银片表面开始发亮，此时，铜线与银片熔接。

④ 使用粗且平的锉刀从废弃的银料中锉出银粉，将银粉撒在涂有助焊剂的银片表面，加热使银粉与银片熔接在一起。

⑤ 从厚0.5mm的银片中锯出些具有一定外形的小片，并放置于厚1mm的银片之上，加热直至二者熔接。

⑥ 将助焊剂与黄芩胶混合成糊状，在银片上任意画圈，把锉出的金粉撒在圈圈处。加热使银片与金粉熔接。

⑦ 将厚0.1mm的24K金片切成若干小金条，在金条中心涂抹助焊剂，两个为一组，熔接形成"十字架"，将"十字架"放于涂有助焊剂的银片表面，加热使它们熔接在一起。

⑧ 在银片表面钻出6个不同尺寸的小孔，加热银片直至孔边缘金属开始向孔内收缩。

操作要点提示

- 使用小块状银料进行熔接时,应确保其间没有焊药。
- 熔接金属比普通金属更脆。在进一步加工(如弯曲或扭转)时,非常小心地慢慢操作,必要时退火。
- 熔接件需要较长时间才能酸洗干净,在酸洗完后,使用肥皂水和黄铜刷刷洗其表面。
- 确保待熔接的金属彼此之间紧密接触,如接触不紧密,金属会熔化但不会发生熔接。
- 将非常薄的金属片熔接到较厚金属片上时,再将火焰移至较薄金属片上时应确保较厚的金属片非常热。

⑨

⑩

⑨ 从没有氧化的纯银片中锯出呈花形的薄片,并锤击花形中心然后加入助焊剂使它与基底银片熔接。银片经做旧处理留下暗色背景,而花形图案未经做旧处理。

⑩ 借助助焊剂将24K金小金条熔接于银片表面,然后放入压片机滚压,形成织物肌理。

⑪ 将薄银片熔接于黄铜表面获得的弹坑状外观。将加热温度控制为加热至黄铜和银都开始熔化。

⑫ 厚的银片被加热,直到周边被吸引到中间呈微微拱起状,似月球外观。

⑪

⑫

⑬:基底金属为金

⑬ 不同厚度的18K金被熔接在一起,形成起伏外观。

⑭:基底金属为黄铜

⑭ 将锤打过的铜线放在涂有助焊剂的黄铜片上,加热直至两种金属熔接。孔是锯修而成的,以增强设计效果。

⑬

⑭

作品展

熔接工艺可产生多种艺术效果。作品展中的胸针、袖扣、耳坠和双螺旋肌理戒都展现出了熔接工艺的精细性，而《肌理手镯》和《虎蛾耳钉》则显示出了熔接工艺可造就的奇幻外观。从所有展示作品可以看到，将能形成鲜明对比的不同金属进行熔接总能使作品别具匠心。

斑点耳坠

制 作 者：Chris Carpenter

材　　质：22K黄金、18K白金和蓝宝石

工艺描述：这些"圆点"是从截面为圆形的金属丝上锯下的，就像一片片肥美的意大利腊肠，熔接于金片表面，产生了明显的黄底白点肌理效果

肌理手镯

制 作 者：Jean Scott-Moncrieff

材　　质：925银、18K金

工艺描述：熔接工艺被应用于手镯的大部分外弧面，夸张的效果令人印象深刻。手镯侧面的弯曲效果及镯内的抛光面与肌理面形成良好的对比效果

双螺旋对戒

制 作 者：Shelby Fitzpatrick

材　　质：925银、22K金

工艺描述：对戒表面可见凸出的螺旋形黄金片熔接于银片之上

吊坠

制 作 者：Jon and Valerie Hill
材　　质：18K金、澳大利亚欧泊
工艺描述：一粒美丽的欧泊和使用熔接工艺的黄金片被嵌于黄金框架中

虎蛾耳钉

制 作 者：Margaret Shepherd
材　　质：925银、22K金和弧面型石榴石
工艺描述：镶有石榴石的都铎吊坠悬挂于银质的虎蛾之下，蛾的上翼区域有黄金熔接形成的肌理

一对胸针

制 作 者：Chris Carpenter
材　　质：925银、22K金和18K金
工艺描述：在组装之前，将白色金线熔接于银片上，制成了这对时尚而抽象的胸针

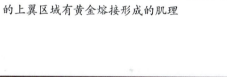

圆形袖扣

制 作 者：Robert Feather
材　　质：18K金（黄色、白色、红色、绿色）
工艺描述：将4种颜色的K金熔接于盘状的18K黄金表面，才制成了这些袖扣

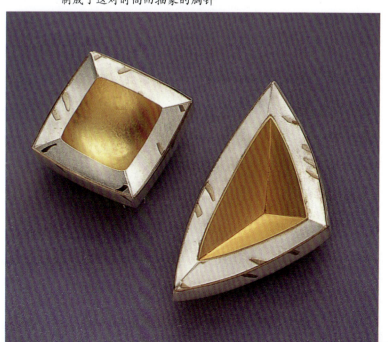

光亮肌理工艺、亚光肌理工艺和缎面肌理工艺

工艺概述

好的抛光肌理效果可使一件普通的首饰看起来别有韵味。一些非常精美的银质首饰往往是简单却别具匠心的。其中,有些银质首饰抛光精细,呈镜面效果;有些银质首饰有着平行排列的抛光纹,呈缎状金属光泽。

肌理制作较费时费力,但是如果每一步都进行得非常仔细,美丽的成品外观将证明这些努力是非常值得的。在开始制作一件首饰前,应先设想一下你所期待的作品抛光效果。例如,如果一件首饰需要用到锤印工艺,那么在制作的哪个阶段进行锤印是最有利的呢?这听起来很简单,也很容易开始,但如果没有具体可行的计划,在制作过程中可能会在半成品已经不能进行锤印了(到了某个制作阶段,锤印会对之前的工序造成破坏等)才意识到情况不妙,已追悔莫及了。以下所有作品所呈现出的各种抛光效果都是通过抛光设备完成,大大节约了时间,当然它们也可以通过手工完成。

光亮肌理工艺

为了在金属表面获得高抛光度,使首饰呈现出光亮外观,金属表面的划痕、焊药残余或肉眼可见的氧化物必须全部去除。

(1)划痕需要分阶段去除,每个阶段要使用不同抛光工具抛去前一工序留下的痕迹。如果有超过0.3mm厚的金属要去除,可以使用很粗的锉刀锉除。一旦金属的去除厚度降至0.1mm,可使用更细的针锉除,再使用不同等级(220#~1200#)的砂纸逐级打磨金属表面。对于不方便直接用砂纸打磨的地方,可将小片砂纸包裹在合适形状的小锉刀上进行操作。对于锉刀裹砂纸也抛磨不到的小地方,可借助小玻璃纤维棒清除表面瑕疵。

当使用抛光机时,请遵守以下规则:
- 向后扎好长发,避免穿着有长袖或宽松袖子的上衣和佩戴首饰。
- 双手握住要抛光的首饰,在刚好低于抛光轮水平直径的位置进行抛光操作。
- 抛光机电机的转速很快,切忌分心,要始终专注于抛光工作。

工具及设备

①玻璃纤维棒;②细抛光布;③棉布和羊绒抛光轮;④绿色抛光蜡;⑤红色抛光蜡

(2)将抛光蜡涂抹于布轮上的抛光类似于砂纸抛光,它们都有特定的使用顺序。如果首饰是先用砂纸抛光的,那么再用布轮蘸取绿色抛光蜡进行再次抛光就足够了。如果首饰表面有一些划痕,就要先用涂有"Tripoli"(一种深棕红色抛光蜡)的小布轮对首饰表面划痕处进行抛光。接着,使用涂有"Hyfin"(一种白色抛光蜡)的新布轮再次进行抛光。在每两次抛光之间,使用超声波清洗机自动或用软刷和肥皂液手动洗去上个工序残留在首饰表面的所有抛光蜡。最后,使用羊绒轮和细抛光蜡进行抛光,在开始抛光前,先将细抛光蜡浸于少量煤油之中,以防它在抛光过程中聚集于首饰上某处。

亚光肌理工艺

在制作亚光效果之前,先制作好首饰肌理。这种肌理可以非常浅,例如将金属片与一些棉绒或纸通过压片机获得的肌理。金属片被滚印出肌理后,不要用锉刀或砂纸接触肌理表面,也不要在随后的焊接或酸洗中让焊药或酸液沾染肌理表面。可用浮石膏或细钢丝绒蘸取肥皂水清洗金属件,以获得洁净的亚光表面。

使用玛瑙/钢压笔擀压网状银片边缘,以获得光亮效果

缎面肌理工艺

首先,按照前文光亮肌理工艺的加工步骤进行操作;然后按照制备亚光肌理的步骤,就可获得良好的缎面肌理。如果先将工件好好地抛光一番,则工件表面不太可能出现肉眼可见的划痕或火蚀。使用由粗到细的砂纸依次打磨工件表面,工件可以在不进行高抛光的情况下获得缎面肌理。使用蘸有肥皂水的细钢丝绒打磨金属表面,也可产生光滑的缎面肌理。使用手指蘸取细滑石粉糊摩擦金属表面也可获得这种缎面肌理。将细的不锈钢抛光轮安装在抛光机上,打磨金属表面,可制作出一种钢制缎面肌理。

除去火蚀

当对银饰品进行高抛光时,其表面局部可能出现灰色阴影区,这被称为火蚀,是925银中的铜因受热发生氧化后而显现出来的结果。火蚀可能会成为一个大麻烦,消除的过程较为困难。

使用助焊剂

当首饰材质为925银时,使用助焊剂可以防止火蚀出现,尽管这只在作品尺寸相当大的情况下才有必要。为了防火蚀,在加热925银之前,可以在整个金属的表面涂上助焊剂或防火蚀膏,以防止空气与金属发生表面氧化作用。

焊接时,应保持助焊剂或防火蚀膏涂抹区域离焊接线至少5~10mm。在焊接线处涂抹助焊剂,允许焊药沿焊缝流动。如果助焊剂涂抹区域与涂有助焊剂的焊接线相连,则焊药倾向于流向助焊剂涂抹区域,而不会进入焊缝。焊接完成后,对首饰进行酸洗,然后去除助焊剂或防火蚀膏。在任何后续的加热操作中,工件表面都需要"穿上一件新外套"。这个过程非常费时,因而对小首饰件没有多大意义。

蘸有滑石粉的湿牙刷对金属件的清洁效果极佳,并会在银表面留下有趣的"灰色"肌理。钢丝绒配合肥皂液可使银饰表面光亮。不锈钢轮可以在金属表面加工出粗细不一的表面肌理

抛光

(1)如果由925银制成的首饰件足够厚,可通过抛光去除火蚀,但抛光会造成较多的银损失。如果银首饰件稍重或较厚,抛光损失的金属量多些也是没有什么关系的。

(2)抛光前,用小锉刀尽可能地锉去可见的灰色。如果首饰不再被加热,它就不会出现新的火蚀区。

(3)抛光后,如果仍有灰色火蚀区,可借助Ayr磨石。Ayr磨石的结构很细,将它蘸水并摩擦金属表面可逐渐去除火蚀部分。一旦火蚀区清除了,可涂抹厚的防火蚀膏并立即进行抛光操作,不要用锉或砂纸打磨首饰。

退火和酸洗

经过多次退火、焊接和酸洗,银首饰表面可形成白色的纯银层。纯银层即使被反复加热亦不会氧化。银饰经退火和酸洗的次数越多,纯银层就越厚,因为每次酸洗,表面的铜就会被酸去除。如果首饰能保持这种状态,就不会出现可见的火蚀区。如果后续加工(包括抛光)的强度都很小,纯银层就能持续防止灰色火蚀区的再次出现。

镀银

当一件925银首饰完成后,利用专业的镀银工艺在整件作品上镀上一层纯银可防止火蚀区的出现。在这种情况下,电镀前就不需要去除任何火蚀区域。

用蘸水的Ayr磨石用力摩擦可以去除火蚀

样片

首饰的表面肌理可以决定首饰的雅或俗。以下样片展示了各种肌理效果。尝试结合不同的肌理去表达一种不同寻常的艺术效果,如将一件首饰的背景做成亚光肌理,其中央区域做成光亮肌理,或者用玛瑙笔抛光一件缎面肌理首饰的边缘来表达框架立体效果等。美观的肌理费时费力,但却很值得。

①~④:基底金属为银

① 先用220#砂纸打磨金属表面,然后用不锈钢抛光轮轻轻抛磨以获得斑驳的亚光肌理。

② 使用220#~600#砂纸依次打磨金属,然后用浸泡了肥皂液的钢丝绒盘抛磨金属表面以获得亚光肌理。

③ 使用220#~600#砂纸依次打磨金属,然后用蘸有自来水和肥皂液的玻璃纤维刷擦金属表面以获得亚光肌理。

④ 使用220#~600#砂纸依次打磨金属,接着用黄铜刷蘸肥皂液用力刷金属表面以获得亚光肌理(肥皂液必须与黄铜刷一起使用,以防止表面沉积一层细小的黄铜)。

⑤~⑧:基底金属为红铜

⑤ 使用220#~1200#砂纸依次打磨金属,然后使用布轮和绿色抛光蜡在抛光机上抛磨金属以获得图示肌理效果。

⑥ 使用220#~600#砂纸依次打磨金属,然后用涂抹有"Tripoli"(深棕红色抛光蜡)的硬质抛光轮抛光所获得的表面肌理。要想获得更精细的表面肌理,可使用"Hyfin"(一种白色抛光蜡)进一步抛光。

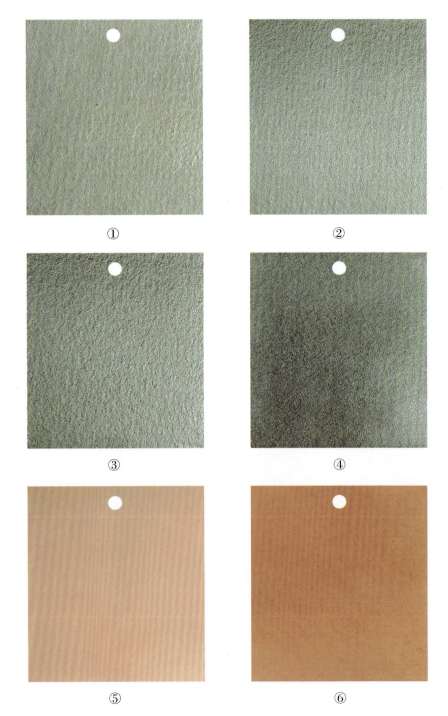

操作要点提示

- 在开始抛光或对首饰进行表面处理之前,确保金属表面没有锉刀痕或明显的划痕。
- 抛光后,将金属件放入少量煮沸的氨水和肥皂水之中进行清洗,或使用超声波清洁器去除附着的抛光膏。不要用任何可能再次刮花它的物品(如砂纸或粗布)摩擦它。
- 始终按砂纸号的升序打磨金属:220#为粗砂纸,1200#为细砂纸。
- 表面肌理制作通常是首饰加工的最后一道工序。如果首饰在抛光后需要进行焊接操作,那么,应先对首饰进行退火和酸洗,并用一些丙酮擦拭,以确保去除所有附着油脂,然后才可以焊接工件。

⑦使用220#~1200#砂纸依次打磨金属,然后在抛光机上使用涂抹有绿色抛光蜡的布轮抛磨金属,再使用细钢丝绒轮抛磨金属,即可获得图示肌理效果。

⑧使用220#~1200#砂纸依次打磨金属,然后在抛光机上使用涂抹有绿色抛光蜡的布轮抛磨金属,再使用粗钢丝绒轮抛磨金属,即可获得图示肌理效果。

⑨~⑫:基底金属为黄铜

⑨使用220#砂纸(有水或无水均可)均匀地摩擦金属,即可获得图示缎面肌理效果。

⑩先使用220#砂纸均匀地横向摩擦金属,再使用400#砂纸纵向摩擦金属,最后用600#砂纸横向(与220#砂纸同向)摩擦金属,即可获得如图所示的较细缎面肌理效果。

⑪先使用220#砂纸均匀横向摩擦金属,然后使用400#砂纸纵向摩擦金属,再使用600#砂纸横向(与220#砂纸同向)摩擦金属,最后用干的"Crocus"砂纸(一种很细的暗红色砂纸)摩擦金属表面,即可获得如图所示的缎面肌理效果。

⑫先使用220#砂纸均匀地横向摩擦金属,然后使用400#砂纸纵向摩擦金属,再使用600#砂纸横向(与220#砂纸同向)摩擦金属,最后使用蘸有银或黄铜抛光液的抛光布用力摩擦金属,获得了平且细的缎面肌理效果。

作品展

　　以下所有展示的作品都使用了一系列首饰制作工艺和表面肌理工艺,但它们的外观是多么的不同啊!从长款耳坠呈现出的柔和缎面光泽到《记忆Ⅱ》套件中戒指和手镯的光亮外观,每一件首饰都是不同肌理给人不同感受的极好例子。

螺钉顶吊坠

制 作 者:Shelby Fitzpatrick

材　　质:925银、18K金和丝绸

工艺描述:这三款吊坠的顶部均设计有18K金螺钉,可以方便地更换彩色丝绸。此3款吊坠均应用了亚光肌理,银色的外观引人注目,也使中间区域的空间更有突出感

记忆Ⅱ

制 作 者:Mari Thomas

材　　质:925银

工艺描述:在此戒指和手镯套件中,外表面的流畅图案和光亮肌理同内侧的酸蚀图案和亚光肌理形成了鲜明的对比

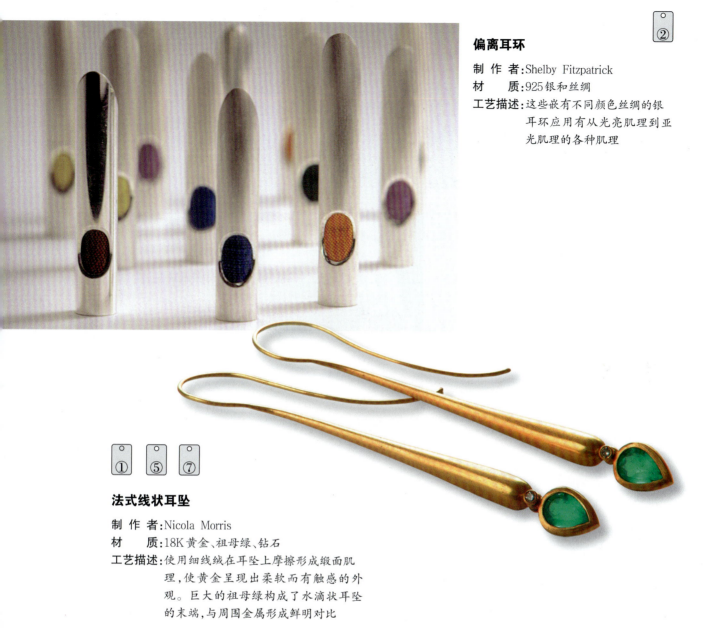

偏离耳环

制 作 者：Shelby Fitzpatrick
材　　质：925银和丝绸
工艺描述：这些嵌有不同颜色丝绸的银耳环应用有从光亮肌理到亚光肌理的各种肌理

法式线状耳坠

制 作 者：Nicola Morris
材　　质：18K黄金、祖母绿、钻石
工艺描述：使用细线绒在耳坠上摩擦形成缎面肌理，使黄金呈现出柔软而有触感的外观。巨大的祖母绿构成了水滴状耳坠的末端，与周围金属形成鲜明对比

三曲项链

制 作 者：Jinks McGrath
材　　质：银、18K金、拉长石
工艺描述：拉长石被镶嵌在18K金中，3个曲槽状的银片环绕其侧，曲度柔和。项链的各部件之间形成很好的呼应，整体营造出宁静而柔和氛围的亚光肌理增强了作品的艺术美感

首饰表面肌理：珐琅工艺、金属雕刻工艺、错金工艺、金珠粒工艺等

甜甜圈吊坠

制 作 者：Shelby Fitzpatrick
材　　质：925银、丝绸
工艺描述：两只吊坠形似但具有不同的表面肌理。视觉上的强烈对比凸显了作品的简单视觉信息对其整体表现力的重要性。抛光所产生的不确定反光效果在左边的"甜甜圈"上得到了清晰的体现

SVÉTA 戒指

制 作 者：Antoine Chapoutot
材　　质：18K金、塔希提珍珠
工艺描述：这是一款华丽的戒指。围绕珍珠一圈的18K金经过了拉丝工艺处理，紧贴珍珠底部的指环具有光亮肌理。凹处产生的反光能吸引观赏者更深入地探索作品

蛋形连环手镯

制 作 者：Nicola Morris
材　　质：925银
工艺描述：对于这款铸造银手镯，设计师使用细抛
　　　　　光膏制作出的光亮肌理，给人一种模
　　　　　棱两可的感觉。高抛光度可以给环形
　　　　　金属的表面带来似液态流动的感觉

白黄色金吊坠

制 作 者：Jinks McGrath
材　　质：18K黄金、18K白金、钻石
工艺描述：这款简约吊坠既有亚光肌
　　　　　理区域，又有光亮肌理区
　　　　　域。中间的18K白金圆盘
　　　　　异常闪亮，吸引着观赏者
　　　　　将目光聚焦于其中心镶嵌
　　　　　的钻石。钻石周围略带亚
　　　　　光肌理的18K黄金圆盘使
　　　　　作品具有体积感，并在颜
　　　　　色和表面肌理效果方面形
　　　　　成对比

蚀刻工艺

工艺概述

蚀刻工艺为创作者提供了创作许多不同肌理和自由设计形式的可能性。这种工艺为在金属表面获得有趣的肌理提供了很好的途径,让创作者的想象力纵横驰骋。

蚀刻时,将选定的需要去除的金属部分放入酸液(即蚀刻剂)中。酸会溶蚀接触到的金属,待相应部分被去除后,将金属放在流水下冲洗。不需要蚀刻的金属区域覆盖有隔离层,隔离层的具体材质可以是清漆、黑色沥青液、蜂蜡,也可以是或硬或软的由蜂蜡、沥青和松香组成的混合物。

如果蚀刻是为装饰肌理面做准备,则蚀刻深度需要足够大,以使蚀刻区域与未蚀刻区域形成明显的高低形貌差异。如果蚀刻区域要填入珐琅料(内填珐琅工艺,见本书P88页)操作,则蚀刻深度应在0.3~0.5mm之间。同时,小心操作,注意确保酸液不会"咬边",否则会破坏珐琅工艺的效果。

蚀刻液

不同的蚀刻液适用于蚀刻不同材质的金属。以下列出了较常用的蚀刻液及相应的蚀刻材质,并给出了相应的配套容器。

黄金:蚀刻液由水和王水配制而成,水和王水的体积比为10:1,其中王水是由1体积浓硝酸和3体积浓盐酸配制而成;配套玻璃容器。

银、铜或黄铜:蚀刻液由3~4体积的水和1体积的浓硝酸配制而成;配套玻璃容器。

珐琅:蚀刻液由10体积水和1体积或2体积的浓氢氟酸配制而成;配套塑料容器。

蚀刻材料和工具
①盛水的容器;②各种小刷;③手术刀;④蚀刻液;⑤硝酸溶液(水与浓硝酸的体积比为4:1)

在配制蚀刻液时,应遵守以下安全措施:
- 向水中添加酸,切勿向酸中添加水。如果所配酸液浓度高,将此酸液加入所需量的水中,切勿将水倒入酸液中。
- 在使用酸时,请佩戴橡胶手套和护目镜。
- 在通风良好的区域配制蚀刻液。
- 在蚀刻液中,使用塑料镊子夹持金属件。
- 将蚀刻液储存在玻璃或塑料容器中,容器应带有可密封的盖子或螺旋盖。不使用时,装有蚀刻液的容器应置于上锁的柜子里。
- 当蚀刻完成后,应用清水将金属件上的蚀刻液彻底冲洗干净。

金属准备工作

（1）如果要在金属件上蚀刻出一个精准的区域，如制备珐琅时，可用划线笔在金属片上勾勒出需要蚀刻的区域。尽管有隔离层，酸液有时仍会腐蚀掉工件的边缘。如果蚀刻区域周围有多余的金属，可锯切除去。

（2）退火、酸洗和冲洗金属件。

（3）在流水下，用玻璃刷、软铜刷或非常细的砂纸清洁金属件，直到水能扩散到整个工件且不会形成小水球。确保金属件所有的边和角都是干净的，然后把它干燥并置于小架子上。

（4）划线笔在金属件上划出的线条应清晰可见，除了线条包围的区域，在整个金属面上涂上隔离液，金属片侧面也需涂上隔离液。放置使隔离液完全干燥需要30~60min（具体时长取决于所涂隔离液的厚度）。然后，翻转金属片，在另一面全部涂上隔离液并放置至完全干燥。

（5）如果想要的图案不需要很精准（草图、轮廓等），则蚀刻图案也就不需要很精准了。这时，可将金属件的正面、背面、侧面全部涂上隔离液。待隔离液完全干燥后，用划线笔或其他锋利工具通过刮去隔离液的方式将图案勾勒出来。

使用锋利的划线笔加深铅笔线条使图案更清晰

将金属件放在两个支架上，然后在其正面和侧面涂抹隔离液，等隔离液完全干燥后，把金属件翻过来，在其背面涂抹隔离液

当隔离液完全干燥后，用划线笔刮去隔离液，使设计图案呈现出来

蚀刻金属

(1)把金属件浸在蚀刻液里。蚀刻所需时长依情况不同各不相同。每隔10min左右用鹅毛轻刷金属件顶部,稍微搅拌溶液使已蚀刻掉的部分脱离金属件。如果蚀刻液是热的,或蚀刻液中酸的比例较高,蚀刻速度将会加快。太快的蚀刻速度容易发生金属"咬边"现象而使蚀刻后的图案轮廓不清。

(2)当达到所需的蚀刻深度时,将金属片从蚀刻液中夹出,并用水冲洗干净。用石油溶剂油、工业酒精或煤油去除隔离层,并用蘸有肥皂液的软刷将金属片清洗干净。

(3)将线条外多余的金属锯掉,以获得最终的作品外形。

光敏蚀刻

光敏蚀刻是使金属件光敏化的过程,使金属件的某些区域抗蚀刻液,而其余区域则可在蚀刻后呈现图像,然后将金属件浸入适当的蚀刻液中即可。

光敏蚀刻需要宽敞的空间和体积较大的酸槽,通常不会在家里进行,需要把金属件送至专业的光敏蚀刻公司。

光敏蚀刻适用于尺寸至少为45cm×30cm的金属片,因此,它很难应用于小尺寸的金属件。不过,它是一种非常实用的方法,适用于精准重复设计图案,并且在同一件金属上可实现不同的蚀刻深度,例如0.3mm和0.6mm。它甚至可直接蚀穿1.2mm厚的金属片。

光敏蚀刻的准备工作:绘制两倍于光敏蚀刻成品尺寸的精准图案,然后在复印机上缩小一半,以获得更高

借助海绵在金属件正面随意涂抹隔离液为随机蚀刻做准备,背面和侧面全部涂上隔离液

的精度,将要蚀刻的区域涂成纯色,这就是在金属片上产生图像的方法。

光敏蚀刻公司会把印有图案的大块金属件送回,图案需要从中自取出。在将图案取出之前,使用两脚规围绕图案精确地划出一条细线,该细线到达图案的距离相等。

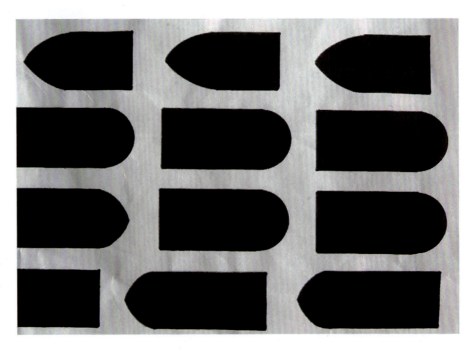

按照光敏蚀刻成品尺寸的两倍,精确地画出设计图,然后用复印机把设计图缩小一半,随后送至专业的光敏蚀刻公司

打开两脚规至合适宽度,沿着图案画出等距的边缘线,利用离图案较远的规脚画出细线

双面耳钉
制 作 者:Jill Newbrook
材　　质:银片、金片
工艺描述:扇形图案是通过光敏蚀刻工艺在方形银片表面形成的,粗糙的肌理是方形金片借助较粗砂纸通过滚压制备而成的

轨道项链
制 作 者:Elizabeth Maldonado
材　　质:925银、煤精、天青石、玛瑙、石榴石、18K金
工艺描述:一颗经蚀刻的925银珠周围镶嵌有手工雕刻的煤精、天青石、玛瑙、石榴石和18K金,它们绕着金属丝旋转,给佩戴者增添动态的美感

样片

蚀刻工艺既可创作出非常精细的肌理效果,又可以创作出随机和粗糙的肌理效果。蚀刻的深度可完全自行控制:大约0.1mm的蚀刻深度就可达到很好的蚀刻效果;当需要使用珐琅工艺时,蚀刻深度则至少应为0.3mm。蚀刻完成之后,还可尝试与其他工艺相结合,如做旧或添加金叶,以突出蚀刻工艺的艺术表现力。

①~⑦:基底金属为铜

①在铜片的正面和背面随意喷涂隔离液并放于硝酸中蚀刻。

②铜片背面和正面完全涂抹隔离液,待隔离液干燥后,用锋利钢针划出图案后在硝酸中蚀刻而成。

③金属先加热,然后淬火。背面和侧面都涂上隔离液,正面借助海绵涂抹隔离液,干燥后放于硝酸中蚀刻。

④将加热过的蜂蜡滴在铜的正面,用隔离液完全覆盖其背面,干燥后放于硝酸中蚀刻。

⑤将隔离液以画圈的方式涂抹于铜片背面、边缘(圆圈外部和中部没有涂盖隔离液),干燥后放于硝酸中蚀刻。

⑥将平纹织物粘在金属上,在织物及金属背面和侧面涂上隔离液。干燥后,将平纹织物揭去,将金属置于硝酸中蚀刻。

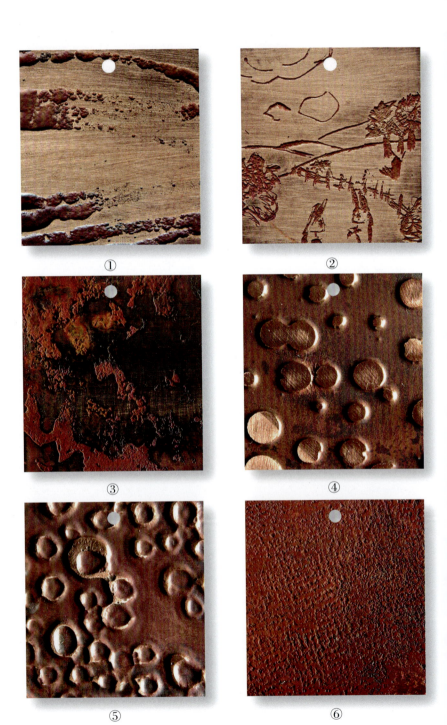

操作要点提示

- 在与酸打交道时,应保持工作空间的良好通风,并佩戴口罩和橡胶手套。
- 在涂抹隔离液或蜂蜡之前,应确保金属洁净无油。
- 采用焊枪加热的方式除去隔离液或蜂蜡。
- 如果蚀刻液太浓,银会起泡;铜在硝酸溶液中总是会起泡。
- 不要往酸中加水,只能将酸加入水中。

如果工件的隔离层在蚀刻液中发生脱落,可用塑料镊子或不锈钢镊子小心地取出工件,并置于流水下冲洗,再用吸水纸擦干。当它完全干燥时,重新用隔离液涂盖掉皮区域,干燥后再将工件放入蚀刻液中。

⑦两次蚀刻:首先,利用隔离液勾勒出图案的外缘,图案的整个内部区域被蚀刻至0.3mm的深度;然后,在第一次被蚀刻的区域及其外部区域涂上隔离液,仅留图案边缘粗线进行蚀刻。

⑧:基底金属为银

⑧这个蚀刻图案是为珐琅工艺做准备。花的图案先被刻画在银片上,图案之外的部分都涂上隔离液,图案区域被蚀刻至0.3mm的深度,满足掐丝珐琅制作所需深度。

⑨、⑩:基底金属为黄铜

⑨借助熔化的蜂蜡在铜片上滴出方格图案,凝固后,经硝酸蚀刻而成。

⑩将隔离液覆盖整个金属片,干燥后,在蚀刻前用钢针在正面刻画出交叉图案,再经硝酸蚀刻而成。

⑪~⑫:基底金属为银

⑪先在纸上画出图案,然后送至光敏蚀刻公司在银片上凹向蚀刻而成。

⑫将图案绘制在纸上,然后送到光敏蚀刻公司对银片凸向蚀刻而成。

作品展

蚀刻工艺所提供的多种艺术表现形式可以从以下展示作品中窥得一二。有些作品使用蚀刻工艺来表现对比色,例如彩色漆、氧化黑色或错金中黄金的黄色。在另一些情况下,蚀刻工艺可以呈现清晰的对比,如表面肌理和高度形成的对比度。

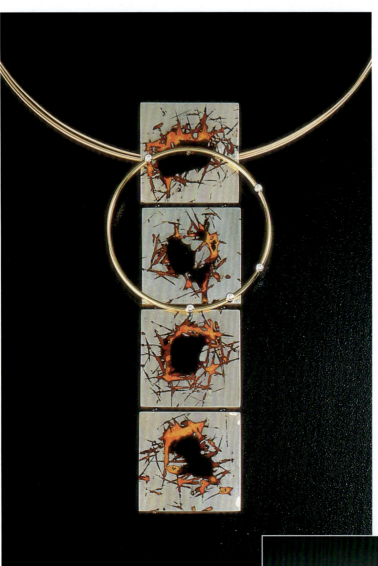

黎明Ⅱ

制 作 者:Kuo-Jen Chen
材　　质:925银、钻石、漆、18K金
工艺描述:漆被涂于这个富有表现力项链的凹蚀处

空心首饰套件

制 作 者:Elizabeth Maldonaldo
材　　质:925银、18K金和碧玺
工艺描述:蚀刻肌理应用于该套首饰件的内外表面(包括胸针、吊坠和3枚戒指)。黄金图案被用来增强几何图案的艺术表现力

首饰表面肌理效果与工艺

几何耳钉

制 作 者：Lisbeth Dauv
材　　质：925银、24K金
工艺描述：耳环表面蚀刻有几何图案，金色螺旋图案起到了很好的装饰效果

螺旋项链

制 作 者：Shelby Fitzpatrick
材　　质：925银
工艺描述：这条项链应用了光敏蚀刻工艺中的中空件，蚀刻工艺使螺旋状肌理具有很强的立体效果，给人以强烈的震撼感

系列手镯

制 作 者：Diana Porter
材　　质：925银、22K黄金
工艺描述：从这些光泽感极强的手镯中可以看出，蚀刻工艺是将文字引入金属表面肌理设计非常有效的方法

"和"系列

制 作 者：Diana Porter
材　　质：银、22K黄金
工艺描述：先用蚀刻工艺在系列首饰表面蚀刻出文字，再将22K黄金应用于蚀刻槽中，使文字闪闪发光。同时，其他区域使用喷砂工艺处理形成亚光肌理效果

首饰表面肌理：珐琅工艺、金属雕刻工艺、错金工艺、金珠粒工艺等

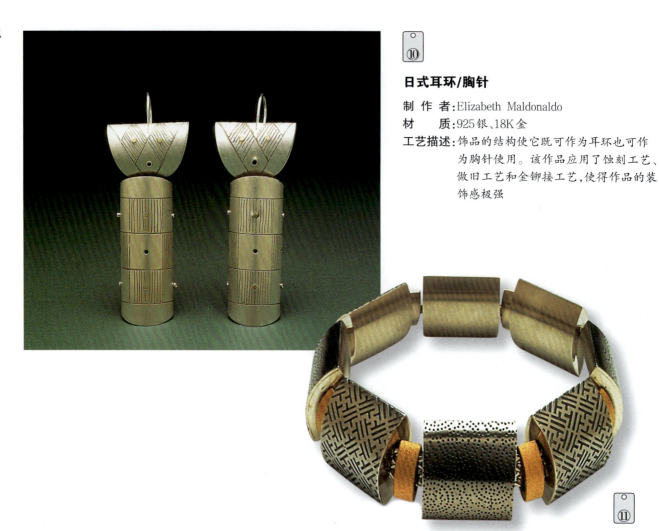

⑩

日式耳环/胸针

制 作 者：Elizabeth Maldonado
材　　质：925银、18K金
工艺描述：饰品的结构使它既可作为耳环也可作为胸针使用。该作品应用了蚀刻工艺、做旧工艺和金铆接工艺，使得作品的装饰感极强

⑪

肌理手链

制 作 者：Jill Newbrook
材　　质：925银、22K金
工艺描述：这样精准的图案只能通过光敏蚀刻来实现，且其艺术效果通过做旧工艺得到了进一步增强

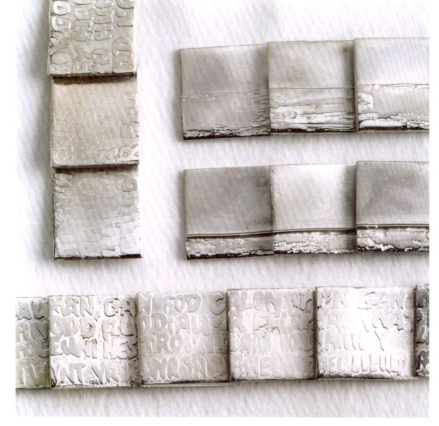

⑧

晚风

制 作 者：Mari Thomas
材　　质：925银
工艺描述：应用蚀刻工艺在这些作品上创造出了凸起的文字及抽象的图案

吊坠

制 作 者：Shelby Fitzpatrick

材　　质：925银

工艺描述：两件吊坠应用光敏蚀刻工艺后，设计师对其中一件凹区进行了做旧处理，对另一件进行了电镀处理。吊坠另可作为戒指佩戴

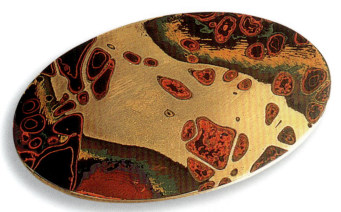

流星胸针

制 作 者：Kuo-Jen Chen

材　　质：18K金

工艺描述：这枚金色胸针经过蚀刻和上漆处理后产生了这些美丽的色彩

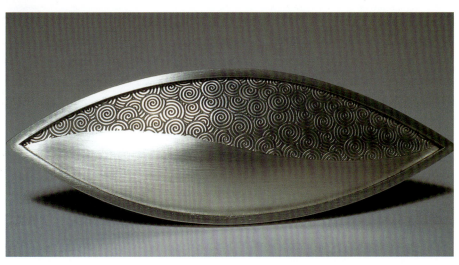

螺旋胸针

制 作 者：Jill Newbrook

材　　质：925银

工艺描述：当微小的螺旋将观赏者的视线吸引至胸针表面时，胸针上的蚀刻肌理似乎创造了另一个维度空间

做绿工艺和做旧(氧化)工艺

工艺概述

做绿被定义为,由于年代久远或长久使用而通常在金属表面形成的任何薄膜、着色或柔美的外观。在铜和青铜上,做绿往往呈绿色或蓝色,在银上则呈深灰色。这种颜色是有些金属暴露在空气中,各种粒子作用于其表面所导致的。由于这种自然过程往往需要较长时间,可以通过将化学试剂作用于不同的金属表面的方式来实现"老化"的外观和颜色。

当金属被加热时,氧化作用会使其表面产生奇妙的颜色。在作品需要进一步的加工,或者作品需要通过酸洗去除所有焊剂和氧化层的时候,这些颜色并不总是稳定的。但有时尽管有焊接和酸洗,加热铜而出现的颜色也能保持稳定。当银的氧化表面有较大厚度变化时,银的氧化效果最好。氧化整件银作品,然后轻轻抛光。抛光会去除高形貌处的深黑色氧化层,留下较低形貌处的深黑色区域,从而使浅黑色与深黑色形成鲜明对比。

在开始对作品进行加工之前,需要考虑是否要进行做绿或做旧(氧化)处理。因为大多数颜色会在后续的焊接和酸洗时消失,所以作品的着色往往是加工的最后一道工序。当然,如果金属片只需经过锯切和钻孔,那么做绿可在作品加工开始时进行。

在尝试做绿时,不要害怕多次试验,美观做绿效果的诀窍在于时间、金属的清洁度、金属是否退火或暴露在空气中。当找到好的组合参数时,把它记录下来以便可以重现。

准备工作

待做绿的金属必须完全洁净且无油脂,可使水均匀地分布在金属表面而不形成小水球。为了达到这个目的,我们可以对金属进行退火、酸洗和冲洗处理,或者用滑石粉或玻璃刷清洗,必须锉平并洗除任何多余的焊料。

做绿工艺所需材料
①硫化钾块;②装有木屑和氨水混合物的密封容器

- 所有用于做绿或做旧(氧化)过程的混合物都易产生较浓的烟雾,因此,该操作必须在通风良好、有自来水的地方进行。
- 请佩戴口罩以防吸入烟雾,操作时须佩戴橡胶手套,在处理任何中间产物或有残留物的金属时也须如此。

铜的做绿工艺

以下过程产生深红紫色表面肌理效果：

(1) 取一铜片，尺寸8mm×5mm×1mm。在流水下，用砂纸打磨冲洗两侧，确保其表面完全洁净。

(2) 两面都涂上助焊剂，如硼砂水或硼砂粉。

(3) 用大火加热铜片的一面，直至它呈橙色。把它翻过来，将另一面加热到同样颜色。然后淬火并酸洗几分钟。

(4) 铜片此时应该呈漂亮的红紫色。如果没有，重复这个过程。用玉石保护油或软蜂蜡轻轻打磨或涂抹铜片表面。

以下过程产生绿蓝色表面肌理效果：

(1) 在可密封的塑料容器中装入木屑或卷制烟草。

(2) 将1体积醋和3体积家用氨水倒入一个玻璃量筒中，将足够多的溶液倒入容器中以湿润木屑末。

(3) 退火并酸洗，使铜片洁净，然后在流水下用砂纸摩擦清洗金属表面。直到水能均匀地分布在整个金属表面，晾干。

(4) 把铜片放在木屑末中，使铜片完全被木屑盖住，密封容器。静置至少1h，最好能接近2d。

(5) 当出现所需的绿色时，可以取出铜片。塑料容器和木屑或烟草可以储存起来以备日后使用。

塑料容器有一个密封性良好的盖子，这样烟雾就不会从其中飘出。铜片要在木屑中放置几天

以下过程产生蓝色表面肌理效果：

(1) 在一个敞开的容器里，比如一个小碟或倒置的罐底，装一些家用氨水。

(2) 在铜上盖上一些盐。

(3) 用水或醋把盐浸湿。

(4) 将铜片和装有氨水的容器放置在密闭空间之中，可用塑料容器盖住它们，或将它们放置在带有密封盖的塑料容器中。

(5) 至少让铜片放置几个小时，最好能接近2d。当着色完成时，取出铜片。将氨水装回原来的容器中。

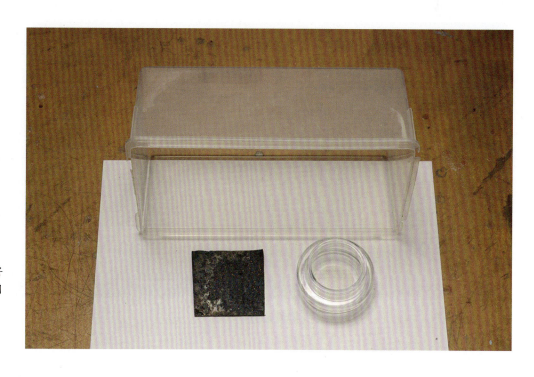

把盐放在铜片上，小心地将氨水倒进小玻璃容器里，用塑料容器把二者盖住

银的做旧（氧化）工艺

一旦所有焊接、锉修、打磨和抛光处理完成后，可立即进行做旧处理。如果对做旧后的颜色不太满意，可以对它进行退火和酸洗处理，以去除它的颜色。

该工艺需要用到的块状硫化钾应该储存在密封容器中，并保存在阴凉、黑暗的地方。如果它变质，就不会产生所需的颜色。

在做旧过程中，银会经历几个不同的颜色阶段，从黄色、粉红色、蓝紫色到黑色。如果想要保持这些颜色中的任何一种，可以快速地将银片从浸液中取出，并在流水下冲洗。

以下过程产生深黑色表面肌理效果：

(1)在作品上找一个可以挂小银钩的地方，这样作品就可以悬挂于液体中。如果找不到，可以使用塑料镊子将作品置于液体中。

(2)在量筒中放入约一茶匙的硫化钾，倒入开水使它溶解。

(3)用木制或塑料搅拌器搅拌液体，并立即将银作品悬挂着浸入溶液，直到它变成深黑色。

(4)从液体中取出银件，在流动的自来水下进行彻底冲洗。

硫化钾呈小团块状。在非常热的水中溶解一些硫化钾，并迅速使用该溶液

将银件悬挂着浸入溶液，直至所需颜色出现，迅速取出，然后用清水冲洗

铜首饰盒

制 作 者：Penny Warren

材　　质：铜

工艺描述：这个铜盒的侧面在被錾凸成随意的花卉图案之前经做绿工艺而呈红色，然后用砂纸轻轻地摩擦其表面，使花卉图案的凸起处暴露出来铜的原始色

以下过程产生一系列不同颜色的表面肌理效果:

这种方法产生的颜色不是很稳固。由于银饰在穿戴时的摩擦地方较少,其颜色保存最好,因此,将此方法应用于首饰形貌的凹形区域非常有效。

(1)清洁要着色的银饰,确保其表面没有任何抛光膏或油脂,并将它挂在用银或硬线做成的钩子上。

(2)先准备好各项工序所要的东西,因为着色发生在浸泡的不同阶段。准备工作包括把一锅热水放在小火上保持加热、配备好硫化钾溶液(如有可能,使它保温)、准备好两次冲洗的冷水。

(3)用钩子挂住银饰,并将它浸入锅内的热水中,保持足够长的时间使它变热,再把它浸入硫化钾溶液中,仔细观察,一旦出现所需的颜色,立即将它从硫化钾溶液中取出并放入第一杯冷水中冲洗,接着,快速地用第二杯冷水冲洗。

(4)用冷水龙头的流水再次冲洗,并轻抛去除任何不需要的颜色。

这些银吊坠先在热水中加热,然后在硫化钾溶液中放置了不同的时长(从3s到1min不等),产生了从银金色至黑色的一系列颜色

深做热氧化网状项饰

制 作 者:Reinier Brom
材　　质:钢、铜和黄铜
工艺描述:经过氧化处理,3条项饰产生了古老的色彩。这种古老的氛围在首饰的环形形状中得到了进一步的烘托

样片

这些样片展示了在不同的金属上使用不同的化学试剂可以得到的系列颜色。做绿工艺和做旧(氧化)工艺产生的效果差别很大。如果试验作品颜色看起来和样片不完全一样,多次尝试总能达到与样片相同的颜色效果。

①~⑥:基底金属为铜

①将铜片的正反两面都涂抹上助焊剂,将一面加热至橙色,然后翻转,将另一面同样加热至橙色,然后将工件淬火。

②铜片退火,借助有圆孔的软钢片与铜片一起放入压片机制成肌理,然后将铜片放入热硫化钾溶液中,清洗并干燥。浮雕区域用细砂纸轻轻抛光。

③通过加热和淬火将铜着色,借助碎纸带通过压片机制成肌理,然后在硫化钾溶液中轻微氧化,清洗、干燥并抛光浮雕区域。

④将铜片放置于可密封的塑料容器里,其上撒一些氨水、盐和醋,然后密封放置2d。

⑤铜片表面涂上助焊剂,加热、淬火,然后用绳子绕着铜片并通过压片机制出肌理,接着,把它置于阳光下,喷上8体积水、2体积氨水、2体积醋的混合溶液。将这个过程重复4~5次,直到获得所需颜色。

⑥绿色是用氯化铵溶液和烟草混合涂于铜片表面制成的。

⑦~⑩:基底金属为黄铜

⑦黄铜片被放在可密封的塑料容器中,其上面撒一些氨水、盐和醋,然后密封放置2d。黄铜片不像铜那般易与溶液反应。

⑧黄铜片被放在装有土壤、氨水和醋的塑料容器里,密封容器并放置3d。

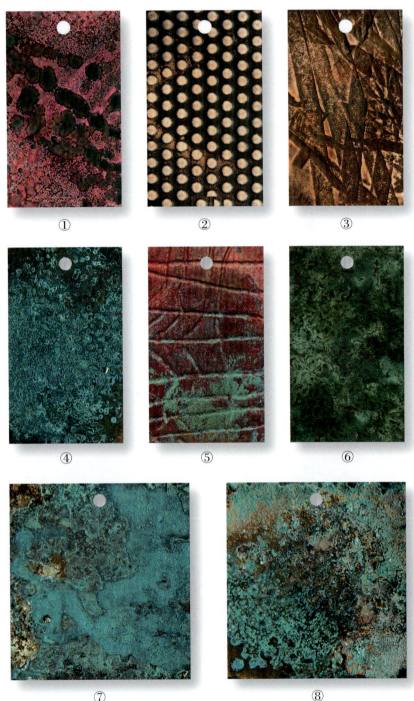

操作要点提示

- 在做绿或做旧（氧化）前，确保金属件表面无油脂或抛光膏。
- 某些颜色的形成时间比较长，仔细观察作品，当达到所需颜色时立即取出。
- 在通风良好的区域操作，因为有些配方会产生难闻的气味。
- 请记住，在金属的凹区域进行做旧操作比在金属的平坦区域或凸区域处获得的颜色更持久。
- 退火、酸洗和肥皂水清洗可以去除不必要的氧化色。

⑨ 将黄铜片放在热的硫化钾溶液中，静置5～10min，黄铜会变暗，再将其部分区域用砂纸打磨。

⑩ 这种斑驳的效果是通过将黄铜浸泡在一个装有卷曲烟草、氨水和醋并可密封的塑料容器中2d而产生的。

⑪～⑭：基底金属为银

⑪ 在退火和锤印之后，银被快速地浸在热的硫化钾溶液中。当期望的颜色一出现，马上取出，并放在流动的冷水下冲洗。

⑫ 首先借助花边织物和压片机在银片上压出肌理，然后放在热的明矾溶液中，溶液中由铜卷线溶解的铜使溶液产生粉红色。把银从溶液中取出，用砂纸打磨图案的高凸部位，露出银的本色。

⑬ 使用球形锤的球形端在银片表面锤出近圆形的凹肌理，然后置于热的硫化钾溶液中。凹的区域呈现氧化色，凸的区域可以用砂纸将氧化层打磨干净。

⑭ 将一汤匙明矾溶于250ml水中并加热，在其中放入一些铜丝，将银片放入溶液中，银表面因为沉淀了铜而呈现粉红色。

作品展

以下作品呈现了通过简单的做绿工艺和做旧(氧化)工艺而形成的各种各样色彩肌理,颜色效果从较为复古到非常现代。该项工艺可强调背景或雕刻的区域,如作品《垫圈项链》和《银兔戒指》所体现的效果。

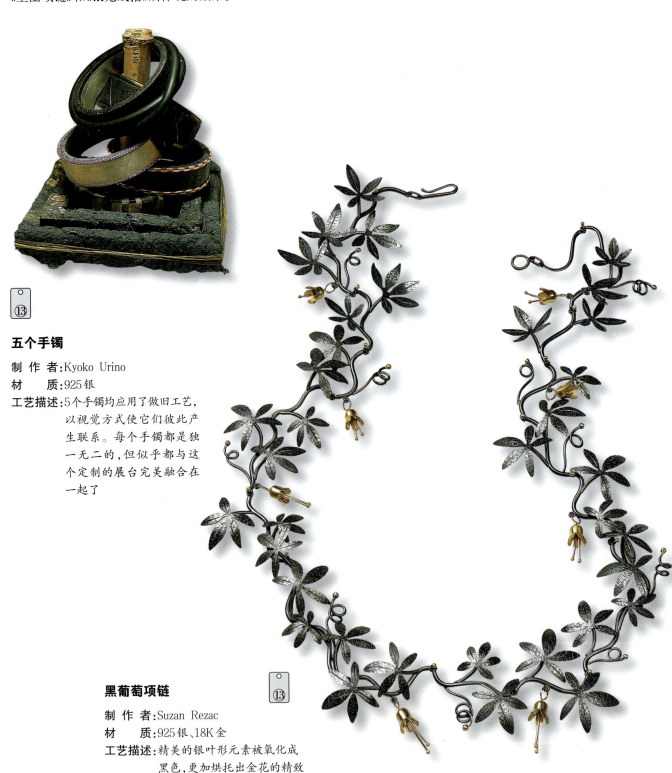

五个手镯

制 作 者：Kyoko Urino
材　　质：925银
工艺描述：5个手镯均应用了做旧工艺,以视觉方式使它们彼此产生联系。每个手镯都是独一无二的,但似乎都与这个定制的展台完美融合在一起了

黑葡萄项链

制 作 者：Suzan Rezac
材　　质：925银、18K金
工艺描述：精美的银叶形元素被氧化成黑色,更加烘托出金花的精致

垫圈项链
制 作 者：Elizabeth Maldonaldo
材　　质：925银、中国产绿松石珠
工艺描述：925银珠表面经蚀刻工艺形成了凹槽，再经做旧工艺处理，更加体现出手工珠子的独特性，其中项链接口处的珠子还设计有隐形扣

编织戒
制 作 者：Kyoko Urino
材　　质：925银、镀金液
工艺描述：设计师使用了3种颜色的银丝来编织这个戒指。镀金和做旧处理强化了编织结构的深邃度和层次感

戒指系列
制 作 者：Shimara Carlow
材　　质：925银、18K金
工艺描述：这套戒指展示了通常用于多种首饰的经典颜色组合处理。白色戒指经过酸洗处理，黑色戒指经过做旧工艺，二者截然不同的色彩将金戒指的颜色烘托得更美

银兔戒指
制 作 者：Harriet St Leger
材　　质：925银
工艺描述：这枚有趣的戒指利用做旧工艺增强了其设计感。凸起的表面经过抛光，与较暗的背景形成鲜明对比

铸造工艺

工艺概述

将熔化的金属浇铸在模具中可使首饰在外观上产生惊人的美丽效果。铸造工艺有两种简单的方法,第一种方法是在一种特殊的砂型中留出一个印模来容纳熔化的金属;第二种是用墨鱼骨来制作图案或模型。还有一种方法被称为失蜡铸造,是一种三维的铸造,本书在内容安排方面没有涵盖失蜡铸造。

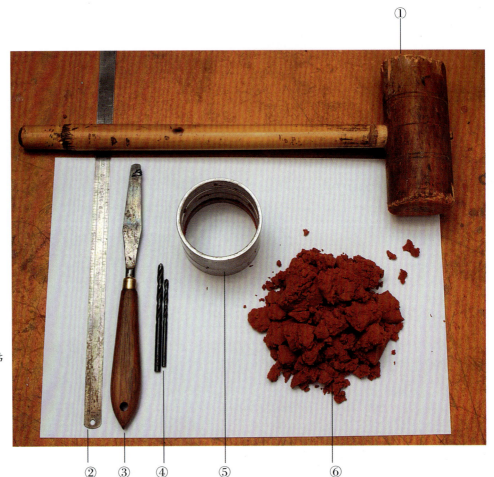

砂型铸造工具

①木锤;②钢尺;③调色刀;④钻针;⑤铝管配件;⑥铸造用砂

墨鱼骨

墨鱼骨可以从首饰器材店、宠物店购买,也可在海滩上找到。中间部分宽厚且边缘没有破碎的墨鱼骨是进行此项铸造工艺的最佳工具。不太锋利的蜡雕工具是雕刻墨鱼骨的理想工具。墨鱼骨的内部是合适的工作区,可用于雕刻图案、铸造完整的金属片,或制作物体的印模。这种方法可以制作出相当精致的作品。

墨鱼骨

铸造用砂

铸造用砂可从首饰器材供应商那里买到，是一种致密的、相当油性的砂子。它应保存在密封袋或容器中，以防变干。常使用不同尺寸的铝筒盛放砂子，但如果铸造物品的尺寸很大，组装尺寸更大的木筒盛放砂子也是一件很简单的事情。常见的物品，如木头、石头、贝壳、海滩找到的玻璃和塑料或蜡模型，或有着有趣表面的任何物品，都可用这种方式复制出来。对于厚度小于2mm的物品，最好避免采用砂型铸造，因为金属液可能不会将模型的整个空间充满。

- 确保墨鱼骨的两个部分用金属丝绑紧并固定在一起，片间不会透光，这样浇铸时金属液就不会从其侧边流出。
- 用两块耐火砖将捆绑好的墨鱼骨支撑住，使它在金属液倒入的过程中能保持直立。
- 将墨鱼骨或盛砂筒放在一大的容器或焊接台上，确保可以接住任何在浇铸时溅出的液滴。
- 待金属液浇铸完全后，在打开铸型时，请戴上隔热手套。
- 浇铸完成后，待模型在墨鱼骨或砂子中冷却后，将它们放入水中炸洗。
- 浇铸过后的墨鱼骨不能重复使用，银铸件周围被金属液加热过的砂子在炸洗后也应丢弃。干净的砂子可以再次使用。

在把熔化的金属浇铸到墨鱼骨中之前，用耐火砖夹住其两侧将墨鱼骨支撑起来

金属准备工作

为了获得好的铸件，要确保合适质量的金属被熔化。有些时候，铸造所需金属用量很难估计，如当铸造一块干木头时；而当铸模是蜡时，可根据银的密度大约是蜡的11倍来估算铸造所需金属用量。如果熔化过多金属，就需一个非常大的浇铸口；如果熔化金属太少，铸模则不能铸造完全。无论估计的金属用量是多少，一定要再加上约10g的量，以充填浇铸口，并起到补充金属料以确保铸模能铸造完全的作用，这是很重要的。浇铸前，可将金属分成不大于1cm的方形小块，并将小块放入带有少量助焊剂的坩埚中加热熔化。

雕刻图案的铸造

如果墨鱼骨是潮湿的,在使用前要让它慢慢干透。雕刻与铸造的大致过程如下:

(1)用锯垂直于墨鱼骨的长轴方向将头部和底部各约1/4的部分锯去,接着锯去墨鱼骨坚硬的侧边。然后在顶面中心处,沿最大平分面尽可能平滑地将墨鱼骨纵向锯成两半。再将两半放在一起,在顶部划出两条定位线。

(2)从距顶部约2cm的位置开始向下雕刻。雕刻应从上向下,因为很难让银液倒流。从雕刻图案向边缘方向划出一些通气线。为了使金属液流动顺畅,需从两片墨鱼骨顶部向下至雕刻图案处各为浇铸口刻出一个"V"形水口,接着参照定位线将两片墨鱼骨片合并,将其顶部的浇铸口尽可能地挖大。有时如果纹样只雕刻在一片墨鱼骨上,另一片是平的(仅雕刻有水口),形成的铸银件将有一面是平的,但其上有墨鱼骨的肌理纹。

(3)将两片墨鱼骨参照定位线重新放在一起,并用金属线绑牢,用耐火砖夹住其两侧使它直立。

使用锯从顶部沿最大平分面将墨鱼骨锯开

(4)在坩埚中加热金属直到熔化,并在熔融温度下保持20s,然后夹起坩埚使其出口在浇铸口孔上方,再尽可能快速、平稳地将金属液倒入浇铸口中。

(5)在打开两片墨鱼骨之前,让金属液冷却约1min,接着,将铸件在水中淬火、酸洗以去除氧化层。最后,用锯将铸件的浇铸口锯掉。

在墨鱼骨上有雕刻出的图案和浇铸口,在未雕图案的另一片墨鱼骨上也雕刻有浇铸口

让金属保持液态20s,然后再将液体金属浇铸入砂型或墨鱼骨中。在夹住坩埚时,轻轻地来回晃动使金属液呈"旋转"状,且不与坩埚粘连,确保金属平稳流入浇铸口

砂型铸造

(1)在一半容器中填满砂并将其顶部整平。把模型往砂里压入一半,将裸露模型顶部轻轻刷上滑石粉。将另一半容器参照对齐定位点扣在第一半容器的顶部,继续往容器中装砂子,装满压紧。

(2)用木锤敲击砂子面,使砂子尽可能紧密地压入容器,然后把砂子顶部整平,把两半容器分开。小心地从砂子里取出模型。在上半部分开一个"V"形的浇铸口,直通模型。对于较大的工件,有分水口的铸造效果可能更好。当浇铸一个不均匀圆形的大件时,将顶部容器中的初浇铸口分成两个分水口分别通至模型,这样分是比较容易的。

(3)顶部浇铸口的尺寸需要足够大,以便倒入金属液,但当浇铸口延伸至模型时应当逐渐变小,这样与模型背面的接触点就不会太大。使用2~3mm的钻头制作浇铸通道(水口)。在底部容器远离模型侧面处制出空气通道。

(4)在浇铸口、水口被清理干净,模型被拿出,空气通道被制作好之后,请将两个半容器参照定位点放在一起。

(5)在坩埚中加热金属直到熔化,并保持在熔融状态下20s,然后夹起坩埚使其出口在浇铸口孔上方,然后尽可能快速、平稳地将金属液倒入浇铸口中。

立体物件铸造

墨鱼骨也可用来铸造立体物件,过程如下:

(1)将墨鱼骨锯分成两部分后,在靠近顶部处,从一侧向边缘处推入2个定位针,向底部推入1个定位针,针应凸出边缘约1cm。将另一半墨鱼骨压到有定位针的墨鱼骨上。

(2)将两半墨鱼骨分开,在离顶部约2cm的地方将模型压入墨鱼骨中,用力向下压,直到模型的一半被压入墨鱼骨中。两个墨鱼骨片顶处刻有"V"形浇铸口。做出延伸至边缘的排空气通道。

一块燧石压入砂子上留下压印痕

(3)以定位针为位置参照,将另一片墨鱼骨放好,然后压向裸露在外的一半模型,直到两个墨鱼骨重合并对接完好,打开墨鱼骨并取出模型。

(4)在坩埚中加热金属直到熔化,并保持在熔融状态下20s,然后夹起坩埚使其出口在浇铸口孔上方,尽可能快速、平稳地将金属液倒入浇铸口中。

浇铸口向下与铸件相连,图中可见它被分成两个水口的位置

样片

这些样片经墨鱼骨铸造或砂型铸造而成。铸造的主要目的是创建一个立体造型并在其上创作有趣的表面肌理。以下是铸造工艺样片,其材质都是银。

①~⑥:墨鱼骨铸造

① 在墨鱼骨上雕刻出深度为2mm的如图所示形状。角落处的线条雕刻深度比2mm稍大。
② 刻有深度为2mm的肌理,然后使用曲线錾将线条部分錾离使其局部变宽。
③ 将一个青铜按钮压入墨鱼骨中做成的铸件。
④ 在一方形墨鱼骨片上雕刻出近平行的曲线经铸造所产生的肌理效果。这个样片是墨鱼骨铸造形成良好标记效果的典型例子。
⑤ 把一个有玫瑰花形的錾子压入墨鱼骨中经铸造而成。
⑥ 刻有深度为2mm的肌理,然后将一个小贝壳多次压入墨鱼骨中。

⑦~⑬:砂型铸造

⑦ 先在蓝蜡块表面雕刻出图案,然后将它压入铸砂中。

①　②　③　④　⑤　⑥　⑦

操作要点提示

- 当铸造好金属并取出后，丢弃所有经金属液加热过的砂子。
- 别忘了准备的金属质量比估算的至少要多10g，以保证浇铸口处也有金属液充填。
- 将铸造用砂存放在密封的塑料袋中，防止它变干。
- 能在砂子上留下清晰印痕的模型比非常薄的模型拥有更好的铸造效果。
- 买墨鱼骨用于浇铸时，要选个大且厚的，一定要干燥的；铸造完后，可把墨鱼骨丢掉，因为该"模具"不可重复使用。
- 墨鱼骨的两半应该紧密严实贴合，否则，铸件将因无法正确对齐而不完整。

⑧ 用雕刻刀在绿色蜡（比蓝色蜡略硬）上雕刻出图案，在砂子中铸造。

⑨ 将黄铜按钮压入砂子中产生的效果，注意细节。

⑩ 一块燧石被压进砂子形成的外形。由于铸件很重，故将浇铸口分成两个支水口。

⑪ 日晷壳被压入砂子中形成的图案肌理。

⑫ 把一块碎木头压入砂子里形成的肌理。

⑬ 将随机雕刻的蓝色蜡放在火焰上软化边缘，然后将它压入砂子中铸造出的抽象图案。

⑧

⑨

⑩

⑪

⑫ ⑬

作品展

　　该作品展中的一些作品是用失蜡铸造工艺创作的,这种工艺通常用于铸造多个相同的作品。砂型铸造和墨鱼骨铸造更适合进行单件(一次性)作品或一件作品特定部分的创作。作品图旁标注有样片编号的要么采用了砂型铸造,要么采用了墨鱼骨铸造。

人物胸针
制 作 者:Margaret Shepherd
材　　质:925银、22K金
工艺描述:这枚人形胸针的手和脸是通过失蜡铸造成型的,主体身体经錾刻而成,裙子上的细致肌理经蚀刻而成,黄金的金色与做旧(氧化)的黑色形成鲜明对比,使人物形象栩栩如生

光 IV
制 作 者:Kuo-Jen Chen
材　　质:18K金、方形钻石
工艺描述:方形图案被用作该吊坠的主体设计元素,一些方形的孔洞镶嵌着钻石,这件精致的吊坠采用失蜡铸造工艺而成

"蓬蓬"对戒
制 作 者:Jo Lavelle
材　　质:925银
工艺描述:大量微小的铸造元素被组合在一起形成了两枚戒指的焦点,创造出动态感

雕刻系列

制 作 者：Mari Thomas
材　　质：925银、18K金
工艺描述：应用做旧工艺来突出本系列中部分铸件的雕塑表面。形态上的多变使该套系内的饰品相互关联起来了

跳跃的三文鱼戒指

制 作 者：Margaret Shepherd
材　　质：925银、9K金、22K金和黑珍珠
工艺描述：这枚精致的戒指是用蜡做模型，然后用银铸造而成。戒指表面应用了9K金和22K金错金工艺，然后经过做旧工艺形成黑色，这样更能烘托珍珠的美丽

鹅卵石项链

制 作 者：Mari Thomas
材　　质：925银
工艺描述：这条项链的连接件（"鹅卵石"）是采用砂型铸造得到的，连接件之间通过铆接连接在一起，形成一条项链。每个"鹅卵石"的表面使用细丝绒创作出缎面肌理，使它看起来柔软、触感良好

细枝吊坠

制 作 者：Jo Lavelle
材　　质：925银、18K金、珍珠
工艺描述：铸成的细枝被制成两个简单三角形，一个是925银的，经做旧变成黑色；另一个是18K金的，经抛光后呈金黄色。每个三角形在项链顶部都配有一颗珍珠，制成一对美丽的吊坠

首饰表面肌理效果与工艺

冲压成形工艺

工艺概述

　　冲压成形是利用模具从金属片材的背面推压使其正面产生凸起的图案或形状的工艺。所用模具由1块金属片和2块亚克力板构成,用冲压机可将三者紧紧地压在一起。模具可反复使用,既实用又经济。

　　冲压机必须有两块完全相同的钢板,一块用来放置模具,另一块连接钢柱,从上向下压向模具。亚克力板的厚度应至少为4mm——厚度小于4mm的亚力克板易在压力下开裂。小的冲压工件可用大台钳充当冲压机,两块钢板仍然是必要的,一块托持模具,另一块起到分摊压力的作用,而台钳钳口内侧需垫上橡胶板或木板以保护钢板。

　　铜、黄铜、低锌铜、银和金均适用于冲压成形工艺。金属表面肌理需在冲压成形工艺之前完成,但冲压成形过程中产生的压力会导致金属的形变,肌理可能会有少许变形。

模具制作过程

　　现以冲压成形工艺制作简单小坐垫为例,其过程如下:

　　(1)金属小坐垫的尺寸为2.5cm×2.2cm,需要准备一块5cm×5cm的亚克力板。

　　(2)在亚克力板上标记中心点,通过中心点画一条水平线和一条垂直线。亚克力板的中心点即为小坐垫的中心,接着画出小坐垫的投影形状。

　　(3)在小坐垫外形的任何位置钻一直径不大于1mm的孔。

　　(4)将锯条穿过此孔,沿着投影线把小坐垫锯切下来。

　　(5)把锯出来的、似坐垫的亚克力板当作阳模,被锯出的亚克力板当作阴模。阳模的上表面有一条十字线。从下表面开始,用锉刀修整阳模使上、下棱边光滑。锉修时先用粗锉刀,再用较细的锉刀,接着使用砂纸打磨锉修面,直至阳模表面光滑。

　　(6)用锉修整阴模。使用脚距为3mm或4mm的划线器,参照锯出区域的内边缘,划出平行于内边缘线的外边缘线。接着,使用椭圆形锉刀从外边缘线向背面锉出一个斜面。阴模的边缘曲线应和阳模的边缘曲线一致。至此,模具可供使用了。

冲压成形工艺所需的部分材料
(从左至右:橡胶板、钢板、亚克力板、描图纸)

锉修阳模,以便金属片能被均匀、平稳地压入阳模中(阴模锉修方式同阳模)

冲压成形的操作步骤

(1) 取一片 4cm×3cm×0.6mm 的金属。冲压前完成必要的表面肌理制作,退火金属片。

(2) 在金属片上标记出中心点,然后轻轻画出穿过中心点的水平线和垂直线。

(3) 将金属片放在阴模顶部,并对齐各自的水平线和垂直线。把金属片的4个角用胶带粘在阴模亚克力板上。把阳模放于金属片顶部,其水平线和垂直线与金属片的对齐,并用胶带将它们固定。

(4) 检查所有部件是否对齐,并用胶带将所有部件整体粘在钢板上;向下转动手柄,使顶板向下压。如果冲压是在台钳中进行,小心转动手柄以减小钳距,直至阳模压入阴模中,这意味着金属片被挤压到了阴、阳模之间的空隙中,松开台钳并卸下部件,取出冲压成形的作品。

(5) 把作品边缘多余的金属锯去。

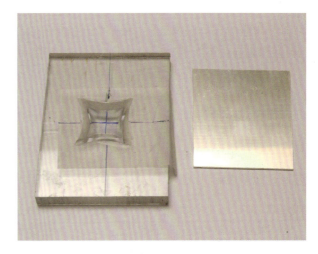

将阳模和阴模装配在一起,在放入金属片之前穿过两者表面画水平线和垂直线

银片被固定在阴模的顶面,阳模被放于银片顶面,使用胶带将它们固定

使用向上撬动的小型液压机,在两块不锈钢板上施加压力,使阳模压入阴模中,在此过程中,夹在阳模与阴模之间的金属片被压下

- 当转动冲压机手柄时,必须小心,不要有任何东西阻挡其中。有些冲压机有大且重的手柄,在施加压力时应当心手柄会向下摆动。
- 冲压机使用完毕后,取下其手柄并存放在其他地方。

样片

冲压成形是一种很实用的三维形状复制工艺。它通常借助于老式的冲压机或较小的液压机完成，也可使用大台钳紧紧挤压各部件完成。

①～④：基底金属为低锌铜合金

① 圆圈内有三角形的肌理效果：用由亚克力板制成的圆圈按压铜片，然后在圆圈后面放置一个厚4mm的橡胶片，用三角形的亚克力板模具按压。

② 大圆圈内有小圆圈的肌理效果：用由亚克力板制成的圆圈按压铜片，然后在圆圈后面放置一个厚4mm的橡胶片，再用一直径较小的亚克力圆圈按压。

③ 使用亚克力板的阳模压入阴模而形成的简单肌理效果。

④ 用亚克力板的阳模压入阴模形成凸出形状，然后在一不锈钢片上切出凸出外形的轮廓，垫于低锌铜片之下再压一次而成。

⑤～⑥：基底金属为铜

⑤ 更复杂的形状，如海星，也可以借助亚克力板完成。其边缘的褶痕是在按压过程中形成的，提升了作品的趣味性。

⑥ 借助压片机将"蝌蚪"状的不锈钢片（肌理材料）滚压至退火铜片上，再次退火后将铜片放在阴模和阳模模具中冲压成形。

①

②

③

④

⑤

⑥

操作要点提示

- 为防止任何冲压时可能出现的开裂情况,应确保阳模和阴模亚克力板的外边缘与图案边缘的距离至少为3cm。
- 对任何要冲压的金属片先进行退火处理。
- 尽量使用厚度不大于0.5mm的金属片。较厚的金属片在没有折痕的情况下更难成形。
- 为了获得表面平滑的冲压件,需要锉修亚克力板阳模和阴模表面,并用砂纸打磨其表面。

⑦

⑧

⑦~⑪:基底金属为银

⑦利用编织布将退火铜片通过压片机滚压,然后加热至900℃使铜片上色,再经圆形、椭圆形模具冲压成形。

⑧借助压片机将不锈钢花形图案滚压至银片上,滚压3次使花形图案清晰,然后使用椭圆形模具将阳模压入阴模中,冲压成形。

⑨中间的十字架肌理在两次冲压前被滚压至银片中,然后,使用阳模为圆柱状的亚克力板模具,冲压出外圆,接着使用另一较小尺寸且阳模为圆柱状的亚克力板模具,冲压出内圆,内圆深度是外圆深度的两倍。中央十字架处熔接的金叶起到装饰作用。

⑨

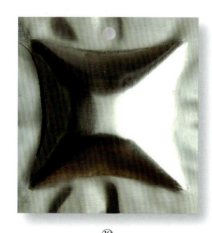

⑩

⑩小坐垫形状是将亚克力板的阳模压入阴模形成的。

⑪借助压片机将方形编织物的肌理滚压至银片上,经退火后,将亚克力板的椭圆形阳模压入阴模中,冲压成形。

⑫:基底金属为黄铜

⑫主圆是将亚克力板的圆形阳模压入阴模而成的,在银片的圆形底部套了一个金属环,接着将三角形的阳模压入阴模中,冲压成形。

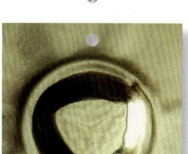

⑪

⑫

作品展

很难相信以下所有这些作品都是利用冲压成形工艺创作出来的。有些作品，如《长豆羽项链》《黎明Ⅰ》《星辰Ⅱ》和《多姿项链》，在基本形状冲压出之前或之后都进行了表面肌理的创作，以达到更好的装饰效果，而有些，如《叶集》，其表面肌理是在冲压成形过程中创作出的。

长豆羽项链 ③
制 作 者：Shimara Carlow
材　　质：925银
工艺描述：羽毛状肌理在冲压成豆荚状之前是借助滚压工艺制作出来的。每一个银豆荚看起来都非常精致、典雅。将它们组装起来形成项链，整体效果令人惊艳

旋转Ⅱ ⑪
制 作 者：Kuo-Jen Chen
材　　质：18K金、油漆
工艺描述：冲压成形是这条项链的基础工艺。项链的各重复单元被大金丝圈巧妙地连接在一起了

叶形手镯
制 作 者：Naomi James
材　　质：925银
工艺描述：用锈锤在手镯的主体上敲出锤印肌理，然后在冲压机上使用钢模冲压出浮雕效果

④

 黎明 I
制 作 者:Kuo-Jen Chen
材　　质:925银、油漆、18K金
工艺描述:表面上漆和抛光银环内侧的处理起到惊人效果,对其整体外形起到了极好的优化作用

星辰 II
制 作 者:Kuo-Jen Chen
材　　质:925银、油漆
工艺描述:冲压成形的方形单元被连接在一起,组成了一条轮廓突出的项饰

多姿项链
制 作 者:Jinks McGrath
材　　质:925银、22K金
工艺描述:这条美丽项链由多个单元组成,每个单元都经历了多次冲压成形,各单元中间部分包含有小金盘、珐琅盘和碧玺。银饰表面的喷砂处理进一步增强了作品趣味性

叶集
制 作 者:Naomi James
材　　质:925银、18K金、石榴石
工艺描述:浮雕的叶形肌理采用钢模板冲压成形,作品中的珠子也是利用冲压成形而创作出来的立体效果。黄金的装饰细节增强了作品的趣味性

首饰表面肌理效果与工艺

褶皱工艺

工艺概述

由于与熔接工艺形成的金属表面形貌看起来相似，褶皱工艺形成的表面肌理效果容易与熔接工艺形成的表面肌理效果混淆。然而，两种工艺在作品表面肌理如何形成及装饰效果两个方面有着明显的差异。

被熔接的金属表面看起来稍深，金属熔接区域会出现较多的小孔，但这些变化仅发生在金属表面。使用褶皱工艺时，金属表面不会出现小孔。尽管采用褶皱工艺的金属表面也会出现起伏，但表面完好无损，并且所有的变化都发生在金属表面之下，外观呈凸起状和波浪状。

在对经褶皱工艺处理的金属片进行塑形时需要非常小心，因为各部分的厚度可能不同。有时最好先将金属塑形，然后再使用褶皱工艺加工。加工过程中的厚度变化是不可预测的，金属可能会被烧穿，这时可以通过镶嵌宝石或装饰物的方式加以解决。

尽管82%银和18%铜配制的银合金产生的褶皱效果最好，925银和一些金合金也可采用褶皱工艺，但由于银合金的纯度低于925银，它只能嵌入而不能被焊接在925银工件上。

平耐火砖，在操作过程中，使银片保持平整

准备工作

使用厚度不小于1mm的金属片。

（1）取一块8cm×6cm×1.2cm的925银银片，将银片放在平的耐火砖上（在整个加热过程中都要使用耐火砖，以确保热金属不在支撑位置时不会垂下或熔化）。

（2）当银片呈暗红色时，则是达到了银片的退火温度，使用弱氧化火焰以该温度（不要超过这个温度）在银片表面加热约15s，然后淬火并酸洗，当银片表面看起来呈"白色"时，将它从酸液中取出。

（3）重复上述工序7次。随着每次退火的进行，会越来越难看到在第一次加热时很明显的暗红色。仔细观察金属片边缘，看边缘是如何在"白色"表面出现暗红色时的同时变红的。退火的温度如果过高，黑色氧化层会向下扩散，这时需重新退火。

（4）在反复酸洗中，表面的铜会因酸的溶解而含量变低，使表面留下一层薄薄的"白色"纯银。随着该过程的进行，纯银层的厚度会增加。

（5）当银片经过7次退火处理后，就可以进行褶皱工艺的操作了。

碳质耐火砖，热反射性能好

安全贴士

- 使用平耐火砖或碳质耐火砖，并将耐火砖放置在焊接台上，在其上进行退火和褶皱工艺处理。
- 经褶皱工艺加工后的金属片，其某些部位可能因为变薄而变得很锋利，在其上进行的任何锯切都要十分小心。

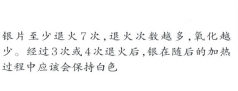

银片至少退火7次，退火次数越多，氧化越少。经过3次或4次退火后，银在随后的加热过程中应该会保持白色

在银片表面形成褶皱肌理

(1)像之前"准备工作"中那样加热银片,但温度稍微高一点。使该焊枪保持此温度继续加热银片,加入另一把火焰更聚焦的焊枪同时加热银片。

(2)用第二把焊枪在银片上来回移动火焰,直至其表面呈现出"海面"状。随着温度的升高,银片的表面会发生变化。如果银片被烧穿了,把火焰移开直至该处光亮消失,再慢慢加热此处。

(3)一旦银片表面形成明显的褶皱形貌,冷却30s,然后淬火并酸洗。用滑石粉或黄铜刷蘸肥皂液清洗银片。银片表面可能有些地方褶皱明显,有些地方褶皱不明显,这是很正常的现象。切下比较满意的部分,当作作品创作的主体。

经过几次退火后,越来越难看出是否已达到所需的温度。仔细观察银白色表面和银片边缘,如果出现淡红色,这表明已经达到退火温度

加热至最后时,加入第二把焊枪。第一把焊枪使整个银片保持恒定温度,而第二把焊枪上下移动加热银片使褶皱形成肌理

当褶皱肌理开始出现时,继续使用第二把焊枪围绕着银片加热以促使褶皱肌理的进一步形成

酸洗后的银片立即用黄铜刷蘸取肥皂液刷洗

样片

以下样片生动地展示了褶皱工艺的独特外观特征,但是在实践中精准地复制以下任何一个样片是不可能的:每一次都会得到不一样的褶皱肌理效果。另外,退火和酸洗越彻底,褶皱肌理效果越好。

①~⑨:**基底金属为银**

① 银片经过7次退火和酸洗后形成的典型褶皱肌理。

② 银片经过3次退火和酸洗。在第4次退火开始时,表面的褶皱肌理开始出现。

③ 银片先使用编织物通过压片机滚压形成肌理,然后经退火和酸洗4次,在第5次退火时褶皱肌理开始形成。

④ 银片经过7次退火和酸洗后,形成了典型且优美的褶皱肌理,接着将小片24K金熔接在褶皱肌理表面。

⑤ 银片经过7次退火和酸洗后,形成了典型的褶皱肌理,接着对该银片进行做旧(氧化)处理,产生了蓝色/粉色效果,褶皱肌理的凸出区域用抛光轮进行了抛光处理。

①

②

③

④

⑤

操作要点提示

- 褶皱工艺适用于尺寸较小的金属片,面积最好不要超过8cm²。
- 褶皱工艺的效果是不可预测的;最好是用已具有褶皱肌理的金属片进行作品设计,而不是设计的造型制作好了之后再尝试褶皱工艺。
- 请注意,具有褶皱肌理的金属片,其各部分的厚度会有所不同,这取决于加热的方式和过程。
- 如果想从具有褶皱肌理的片材上锯出镶口并将宝石焊接其上,那么在焊接宝石之前,在金属片上先锯出镶口会比较容易。
- 用黄铜刷蘸取肥皂液用力擦洗经褶皱工艺加工的金属片,可达到清洁目的。
- 在加热金属片制备褶皱肌理时,将它平放在平而坚实的支撑体(耐火砖)上。如果金属的任何一部分缺乏支撑,它会在加热过程中塌陷。

⑥

⑦

⑥ 银片经过7次退火和酸洗后形成了典型的褶皱肌理,作品右侧部分是从银片的不同区域取出的,经锯锉后用金片焊接于主体银片上。图中的金镶口用于镶嵌一粒刻面宝石。

⑦ 82%银和18%铜组成的合金片经过7次退火和酸洗后形成了极好且典型的褶皱肌理。

⑧ 当银片形成褶皱肌理后,将小块银片通过熔接工艺与它结合在一起。

⑧

⑨

⑨ 在具有褶皱肌理银片的合适位置锯出孔位,用小银片围出镶口并焊接于锯出的孔口处,用于镶嵌弧面型宝石。

⑩:基底金属为金合金

⑩ 9K金片显示出了经典的褶皱肌理。9K金产生的褶皱肌理效果是不可预测的。

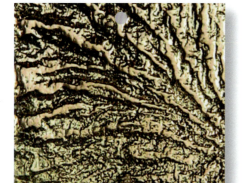

⑩

作品展

　　褶皱肌理的效果就像有人捡起金属片,把它像纸一样拧成一个球,然后把它展开。但是,这并不是一件很容易的事,要在一大块银片上成功创作出褶皱肌理需要反复实践。以下作品都是应用褶皱工艺的好例子,在光线的烘托下,褶皱肌理效果尤为显著。

开裂的球形项链 ①
制 作 者:Anne Morgan
材　　质:925银
工艺描述:冲压成形工艺、焊接工艺与褶皱工艺的结合,创作出这个有趣的开裂银球

大雏菊项饰
制 作 者:Shimara Carlow
材　　质:925银
工艺描述:褶皱工艺被应用于穹顶状银圆盘上,重现了花瓣的细腻质感,赋予项饰以生命特质

结构化戒环

制 作 者：Anne Morgan

材　　质：925银、18K金

工艺描述：设计师在组成这些戒指的银片上创作了褶皱肌理，并与不同结构的金丝进行鲜明对比，形成时尚系列戒环

曲形手镯

制 作 者：Jean Scott-Moncrieff

材　　质：925银、18K金

工艺描述：这款手镯上的抽象图案是在银片的褶皱肌理上熔接了螺旋状金丝形成的，为大的轮廓造型增添了富有创意的细节

金箔工艺和银箔工艺

工艺概述

将非常小的金片或银片贴合于另一种在颜色、质地或光泽与之对比鲜明的金属之上,这种工艺被称为"keum-boo",亦即金箔工艺、银箔工艺。现可从金条供应商那里买到厚度不同的,叶状23.5K金箔和银箔。另有一种金箔,也叫金叶子,常见于有着金属框架的木制品,但不适用于金箔工艺,因为它们太薄了,容易溶入母体金属并留下绿色痕迹。使用稍厚的24K金片是可行的,以便在外观上显示出清晰的色彩对比度。对于金片厚度的选择可通过反复实验找到最合适的尺寸。

金属准备

借助压片机可将金属片制成金属箔,24K金片和纯银片都可借助压片机轧至箔状。如果金属在轧制过程中变硬,可用常规方法先进行退火、酸洗和清洗。当金属片被轧至0.1mm厚时,将它夹放于描图纸之间是有必要的。继续轧制,直至获得0.01mm或0.02mm的成品厚度。

被贴箔金属片应无任何氧化痕迹。如果把金箔贴在银片上,银片至少要经过3次退火和酸洗,以形成一层薄的白色银层,然后用刷子蘸肥皂水轻轻清洗并晾干。

金箔还可应用于金属成品。多次焊接贴有金箔的金属片会导致金箔因溶入金属片而褪色,但如果将贴有金箔的金属片直接焊接于成品上,由于金箔经历的加热次数少,金箔就不会褪色。

金箔的使用

(1)在两张描图纸之间放置一片金箔,并在描图纸上绘制出所需图形。把"三明治"放在一块橡胶板上,借助手工刀沿所绘线条切出该图形。任何时候都不要放置过大金箔。

(2)在要放置箔材的金属面上涂一点唾液,用潮湿的小毛刷从纸间粘起切割的金箔,在此过程中避免用手接触箔材。然后轻轻地将金箔放于合适位置,并用小刷轻刷金属箔顶面,以去除可能被封闭在其下的任何气泡。

(3)在手边放一支小的钢压笔。慢慢加热金属片,注意使火焰尽可能地远离箔材。火焰应对准金属片,并使它达到退火温度(此时,金属片边缘和银白色周围将呈现淡粉红色)。一只手拿着焊枪加热以保持温度,另一只手用钢压笔轻轻地接触箔材中心,如果金属箔仍附着在金属上,使用钢压笔继续轻轻向下按压金属箔以使它全部覆盖金属的设计区域;如果金属箔开始脱离金属片,在再次使用钢压笔之前,将金属加热到稍高温度使金属箔吸附于基底金属表面。

(4)一旦金属箔就位,淬火并酸洗。如果需要添加更多箔材,则根据需要重复以上过程。

(5)用玻璃纤维刷或细钢丝绒蘸肥皂水轻轻刷洗金属件。可用钢压笔压亮金箔以使它更加突出,如有需要,基底金属也可用钢压笔压亮。最好不要用布轮抛光机抛

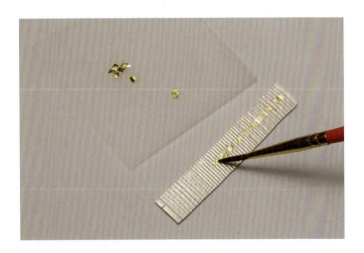

金箔工艺和银箔工艺常用工具和材料
(从左至右:放置在描图纸上的金箔小片、手工刀、小软毛刷、放置在描图纸上的金箔片)

用潮湿的小毛刷尖把金箔粘起来,放在银片上。小毛刷也可用来把金箔轻推到合适位置

光，因为此过程施加的任何压力都可能会使金箔消失，当然，如果金箔的轧制厚度不小于0.1mm，可以在抛光机上轻轻抛光工件。

当银片达到退火温度时，利用钢压笔小心地将金箔轻压至银片上

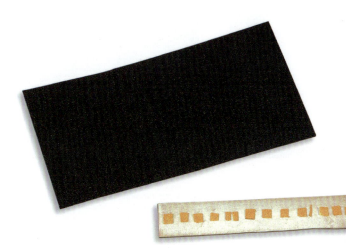

为了使金箔表面呈雾状，当将金箔熔接于金属片的合适位置后，可借助砂纸将金属片通过压片机滚压出亚光肌理

夜间露珠果盘
制　作　者：Kuo-Jen Chen
材　　　质：金箔
工艺描述：涂有暗红色漆的水果盘表面应用了金箔工艺，该工艺增强了这一独特水果盘的有机外貌特征

 安全贴士

- 使用锋利的手工刀在描图纸上切割箔材。
- 始终朝着远离切割者的方向沿着切割线切割金箔，确保手工刀不会突然切到旁边按压箔材的手指。

样片

把金箔或银箔应用到一件作品上可以完全地改变这件作品。比如,可以使用金属箔来增强凸起区域或描绘浮雕线,也可以将它包在金属丝上、填进蚀刻区域,还可以用钢压笔将金属箔压入褶皱工艺形成的细节部位。在金属片被做旧(氧化)前使用金箔,由于金箔本身不易被氧化,氧化后的作品会呈现出强烈的色彩对比,进而形成一种奇妙的创作效果。

①~⑦:基底金属为银

① 银片经过褶皱工艺处理后,用细钢丝绒蘸肥皂液彻底清洗。将金箔放于有唾液的银片上,将银片加热至退火温度,其间借助钢压笔把金箔轻压至银片上。

② 银片表面被涂上透明紫色的珐琅料,并完成烧制。将银箔刷在其表面,然后在与烧制珐琅相同的条件下再次烧制工件。将工件从焙烧炉中取出,用钢压笔轻擦银箔。

③ 首先借助编织物将银片通过压片机制出表面肌理。方形小片金箔被小毛刷刷于肌理表面,然后将银片加热到退火温度,接着使用钢压笔压亮金箔。

④ 首先借助编织物将银片通过压片机制作出表面肌理,然后制作出轻微的褶皱肌理,接着借助唾液和小毛刷将菱形金箔涂刷在银片表面,再将银片加热到退火温度,使用钢压笔将金箔压光于银片上。

⑤ 该银铸件是用墨鱼骨铸造而成的,金箔被放在凹槽里,然后从铸件的背面加热,直至金箔被压牢在银铸件上。

操作要点提示

- 当需要将箔材裁成特定形状时,将它放在两张描图纸之间,并使用锋利的手工刀。
- 使用细毛刷和唾液即可粘起金属箔——尽量不要用手指夹取金属箔。
- 仅使用金属箔。与金箔和银箔不同,银叶和金叶因为太薄而不能在加热时附着于金属表面。
- 对于大于1cm²的金属箔,用细针在其上刺一些小孔将有助于它在加热时保持平整。
- 避免火焰直接加热金属箔,除非确定它已经附着在金属片表面,如果没有附着,火焰会使金属箔发生卷曲,且无法被压平。

⑥

⑦

⑥用金箔装饰铸件顶部区域外围。熔接后,用玻璃纤维刷刷整个工件以去除一些金箔,使表面呈现出"涂抹"黄金的效果。

⑦用圆形錾在银片表面錾印出肌理,把金箔放在银片中央,并在退火温度下进行熔接处理。金箔的外形与錾印的圆形轮廓类似。

⑧~⑩:基底金属为铜

⑧在退火的铜片上錾出菱形凹槽,将菱形金箔贴入凹槽中,然后将工件加热至退火温度,接着用钢压笔压磨金箔将它精确地调整至对应位置。

⑨铜片表面涂上硼砂使铜着色,从铜片后面加热,当足够热时,利用钢压笔压牢银箔,使它贴附于铜片表面。

⑩借助唾液和小毛刷将银箔和金箔涂刷在蚀刻的铜片上,加热该铜片,当温度足够高时,用钢压笔将金箔和银箔都压牢于铜片表面。金、银、铜这3种材质的颜色,再加上蚀刻过程和加热过程产生的各种颜色,最终创作出一种类似地表形态的分区效果。

⑧

⑨

⑩

作品展

金箔、银箔的装饰作用会让饰品看起来完全不同。把小片的金箔或银箔放在完美的位置，可以把一件首饰变得很特别。这个位置可以是设计作品的中心，如作品《太阳雨项链》；也可以是其他位置，如在作品《细枝手镯》中，金箔被用来呈现微妙的亮度差异。

金箔肌理系列胸针
制　作　者：Chris Carpenter
材　　　质：925银、22K金、低锌黄铜
工艺描述：金箔被用来强调和突出经滚压而成的肌理区域。金箔的使用增加了系列胸针的多样性，探索了色彩、肌理对首饰外观形态的影响

月光胸针
制　作　者：Kuo-Jen Chen
材　　　质：18K金、金属箔、钻石和漆
工艺描述：黄色金箔被用来突显这枚闪闪发光白金胸针的白色区域

④ ⑦

太阳雨项链

制 作 者：Emma Gale
材　　质：珍珠贝、金箔、尼龙
工艺描述：金箔被应用于圆盘状的珍
　　　　　珠母贝上，与多股尼龙
　　　　　绳成为这款精致项链的
　　　　　主要组成部分

方形银胸针

制 作 者：EM Jewellery
材　　质：925银、贵金属箔
工艺描述：胸针的一半表面熔接有贵金
　　　　　属箔，与另一半具有绸面肌
　　　　　理的银质表面形成鲜明的色
　　　　　彩和质地对比

⑨

细枝手镯

制 作 者：Kyoko Urino
材　　质：铜、金箔
工艺描述：金箔的精致外观与经做
　　　　　绿工艺处理的树枝状电
　　　　　镀铜外观形成了对比

金珠粒工艺

工艺概述

起初，金珠粒工艺被伊特鲁里亚人和古希腊人用来装饰纯金的艺术品和首饰，通常是在基底金属上熔接或焊接22K金或24K金小球。如今，它最常见于印度次大陆的首饰加工中，那里以黄金的奢侈消费著称。

金珠粒工艺（本书描述的金珠粒工艺在操作过程中使用有机胶）常通过熔焊作用将小球连接至基底金属上。金珠的底部和基底金属之间放置有机胶和铜，然后用氧化火焰加热整个部件，在此过程中，有机胶发生碳化，同时降低了铜的熔化温度，使珠粒和基底金属焊接在一起。

如果使用有机胶方法，需用高K黄金或纯银材质的小球。如果使用锉下的焊粉焊接金属小球和基底金属的方法，可使用925银材质的小球。

制备金珠

(1) 首先确定金属小球的尺寸并粗略估计所需数量。为了使小球的大小相等，取直径0.5mm的银丝并切割成相等长度的小段，如每段长度4mm。基于创作需要，有时可能会将球粒大小不同的银粒和金粒混合。如果要制备直径更大的小球，将金属线切得更长即可；要制备直径更小的小球，将直径0.5mm的银丝切至2mm长度的小段比较合适。

(2) 将小段金属丝单独放入碳质耐火砖的孔洞中。加热使金属丝熔化成一个球，并保持此熔融状态几秒，然后熔化下一根金属丝。

(3) 把金属小球放入一个装满酸液的小容器里清洗，然后把它们放进热酸里进行进一步的清洗。

(4) 为了同时制备多个小球，把松散的木炭粉末放在一个适合在焙烧炉中加热的容器的底部。把长度相同的银丝或金丝间隔放置在木炭粉的顶部，随后，在其上再撒一层木炭粉（厚到足以防止金属丝/小球下落），然后在木炭粉上放置更多的金属丝。如此反复，总共可放置4层金属丝，并在最顶部再撒一层木炭粉。

(5) 对于银丝，将焙烧炉加热至900℃；对于金丝，将焙烧炉加热至1100℃。焙烧时间的长短取决于盛放木炭粉容器的大小，一般是15~30min。最后，从炉中取出容器并冷却。

木炭粉、银丝（从左至右）

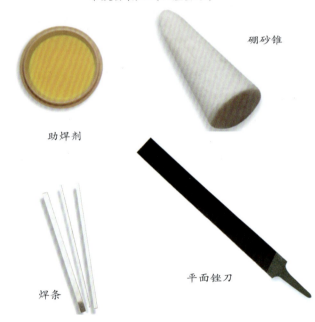

硼砂锥

助焊剂

焊条

平面锉刀

金珠粒工艺所需部分材料和工具

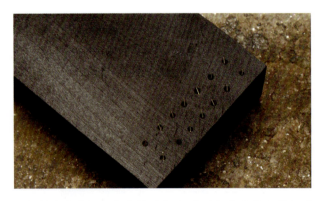

用钻针在木炭板上钻出若干小孔，然后把各小段金丝分别放入其中

 安全贴士

● 应在通风良好的区域使用化学品。如有可能，请佩戴橡胶手套，并在操作后洗手。

金属小球的连接

有两种方法可以将具有装饰效果的金属小球连接至基底金属上：①使用锉下的焊粉，撒开焊粉使之围绕在金属小球的周围，以便形成较宽的连接区域，而不仅仅是为了使小球的排列看起来很均匀；②使用有机胶。

使用锉下的焊粉

（1）取5cm长高温焊条、粗平锉，用粗平锉将焊条锉成粉状，并用白纸接住焊粉。

（2）将一段高温焊条压扁至其原本厚度的一半。用一把剪子，把焊条剪成5~6段，每段长5mm。用切刀垂直于其长边方向把焊料切割成非常小的金属片。

（3）在要连接金属小球的金属片区域处画出图案。利用钻针头或雕刻刀制备出一个轻凹区域，以便于金属小球的放置。

（4）将硼砂与一滴肥皂液混合，制成黏性助焊剂。在放置每个小球的地方放一点儿助焊剂，用镊子把金属小球夹起并放于相应位置。如果多粒小球排列得很近，使用锉好的焊粉就更方便了，直接用拇指和食指捏少许焊粉并撒在小球排列的整个区域。如果只使用少量金属小球，就在每个小球边上放置一点小焊片，并使它接触小球和金属基底。

（5）先使用很柔和的火焰加热小球排列区域，让助焊剂起泡并分散开，使金属小球定位，然后用大火加热工件至焊接温度。

（6）淬火并清洗。把掉下来的每个小球捡起来并放入容器中酸洗。

（7）重复上述过程，直至小球全部被焊接到基底金属上。

用不锈钢小镊子把黄金小球夹起来

用粗锉刀把高温、中温或低温焊药锉成粉状

使用有机胶

（1）将两滴高温液体助焊剂（如Auflux）、两滴有机胶（如阿拉伯胶或黄芩胶）和10滴水混合在一起。

（2）把22K金或纯银材质的小球与一些铁丝和铜丝一起放在热的酸液中，直至小球的表面形成铜镀层。把小球从酸液中取出，清洗干净并晾干。

（3）用蘸有有机胶的小刷把金属小球粘起来并放置于22K金或银的表面。让有机胶彻底干燥。置于灯下可加速干燥。

（4）用柔和的火焰加热整个工件，逐渐使温度升高至退火温度以上。仔细观察，有机胶会变黑并全部烧掉。继续加热，使温度超过焊接温度到熔化温度（当金属表面开始熔化时会突然闪光），此时，迅速移开火焰。无需淬火，仅用平常的方法酸洗。用塑料滤网将酸液中因未熔接好而掉落的金属小球捞出，并将它们放回原位。

（5）重复整个过程直至金属小球全部熔接至金属基底。

另一种有机胶

这种方法不是把金属小球与一些铁丝和铜丝一起放在热的酸液中使小球的表面形成铜镀层，而是将金属小球浸入硫酸铜膏中。硫酸铜膏是用等量的有机胶（粉体有机胶与少量水混合，直至形成乳状稠度）、硼砂粉和硫酸铜粉充分混合而成的。

将每个金属小球浸入硫酸铜膏中，并放在基底金属上，加热直至小球表面开始熔化，出现闪光。

使用有机胶安置金属小球，可使球看起来更均匀地分布于金属基底上

样片

这些应用金珠粒工艺的样片有些使用焊料连接金属小球与基底金属,有些通过熔接使金属小球与基底金属连接。往往很难看出这两种连接方式之间的区别。通常来说,前者的金属小球与基底金属之间往往有更大的接触面积;而后者的金属小球与基底金属之间的接触面积较小。但无论使用哪种方式连接,它们都能产生动人的表面装饰效果。

①~②:基底金属为铜

① 小银球被放置于菱形凹区内,凹区内存放有高温焊药。将小银球浸入硼砂并放入凹区,加热工件,直至焊药再次流动,调整好小银球的固定位置。
② 金属上制有金属丝状的滚压肌理。将银球按大小依次浸入阿拉伯胶、硫酸铜、硼砂的混合液中,再依次放入凹槽中。加热工件,直至观察到熔化"闪光"。

③~④:基底金属为925银

③ 不同大小的银球被放入用圆头錾錾出的银片小凹口中。每个小银球都是各用一小片焊药焊接至基底银片上的。
④ 这是一个铸造形成的工件。每个金属小球都通过焊接的方式连接至基底金属。

⑤~⑪:基底金属为银

⑤ 先用划线器在银片上划出星形图案,将小的球浸在阿拉伯胶、硫酸铜、硼砂的混合液中,取出后依次放在图案的线条位置。将较大的球也浸在溶液中,取出并放在图案的尖角位置。加热工件,直至观察到熔化"闪光"。
⑥ 借助模板和压片机使金属表面形成凹形。将小球浸在阿拉伯胶、硫酸铜、硼砂的混合液中,然后放入凹形中。加热工件,直至观察到熔化"闪光"。

①

②

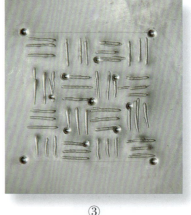

③

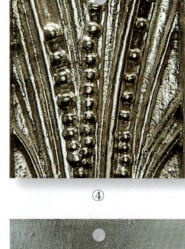

④

⑤

⑥

操作要点提示

- 一次制备多个金属小球是个好主意。如有必要,把它们按大小分开并存放在不同的塑料袋里。
- 如果使用锉焊粉焊接,不要先在工件上涂助焊剂,然后撒上锉屑,而是先将助焊剂粉体与锉屑混合,再一起撒在基底金属上,以获得更均匀的混合效果。
- 在有凸起边缘的工作台上操作,比如焊接台,这样从工件上滚下来的金属小球就不会滚落到地板上。
- 分别制备小金球和小银球,以防止熔化阶段金和银相混合。

⑦

⑧

⑨

⑩

⑪

⑫

⑦ 方法同样片⑤、⑥,在观察到熔化"闪光"后,工件被淬火、酸洗,并借助小刷和唾液将金箔"涂"放至设计位置。加热工件至退火温度,用钢压笔将金箔压牢。

⑧ 这种交叉的凹形肌理是借助十字交叉模板利用压片机滚压而成的。将小球浸在阿拉伯胶、硫酸铜、硼砂的混合液中,取出并放置到相应位置。加热工件,直至观察到熔化"闪光"。

⑨ 将小球按大小依次浸入阿拉伯胶、硫酸铜、硼砂的混合液中,并放置成圆形。加热工件,直至观察到熔化"闪光"。该"闪光"应可在每个小球之间看到。

⑩ 将不同尺寸的小球浸在阿拉伯胶、硫酸铜、硼砂的混合液中,取出并摆放于菱形图案背景处。加热工件,直至观察到熔化"闪光"。将样片①中的焊药焊接效果与该样片中的熔接连接效果进行比较。

⑪ 在银片表面雕出三角形凹区,先将高温焊药熔化于三角形区域中,再将浸入硼砂中的18K金小球取出并摆放于三角形中。加热工件基底,使焊料流动,完成焊接。

⑫:基底金属为22K金

⑫ 圆顶的22K金被浸在阿拉伯胶、硫酸铜、硼砂的混合液中。加热工件,直至观察到熔化"闪光"。

作品展

从本质上讲，金珠粒工艺利用金属小球装饰工件表面，用材单调。然而，这些小球多么美丽和多变啊！小球可完全覆盖一个表面、完美地突出一个设计，或非常精准地呈队形排列，产生令人惊奇的艺术效果。

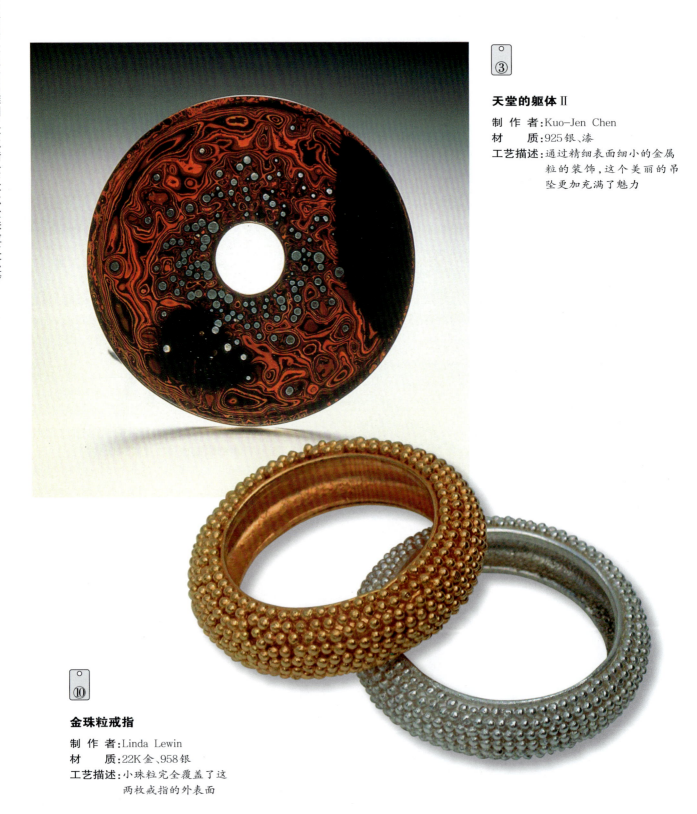

③
天堂的躯体 II
制 作 者：Kuo-Jen Chen
材　　质：925银、漆
工艺描述：通过精细表面细小的金属粒的装饰，这个美丽的吊坠更加充满了魅力

⑩
金珠粒戒指
制 作 者：Linda Lewin
材　　质：22K金、958银
工艺描述：小珠粒完全覆盖了这两枚戒指的外表面

花粉胸针

制 作 者：Emma Gale
材　　质：925银、18K金
工艺描述：处于工件中心的珠粒造型形成了圆形胸针的焦点。该作品部分使用了锯切、钻孔和划线等工艺

欧泊戒指

制 作 者：Linda Lewin
材　　质：22K金、18K金、欧泊
工艺描述：欧泊周围镶嵌有22K金、18K金滚珠边，进一步增强了柔美欧泊对金戒指的装饰效果

夜雾 I

制 作 者：Kuo-Jen Chen
材　　质：925银、漆
工艺描述：在这枚引人入胜的胸针中，珠粒被用来代表在美丽风景中闪烁的星星

首饰表面肌理：珐琅工艺、金属雕刻工艺、错金工艺、金珠粒工艺等

盾牌系列胸针
制 作 者：Linda Lewin
材　　质：925银、958银、18K金、碧玺、石榴石和紫晶
工艺描述：这三枚胸针上的珠粒状图案被巧妙地运用在958银表面，赋予珠粒一种柔和的凸起肌理，对弧面型宝石起到很好的烘托作用

叶茎胸针
制 作 者：Emma Gale
材　　质：925银、18K金
工艺描述：设计师利用金珠粒为这枚胸针增加了空间、色彩的对比度。小的黄金圆片被铆接在大的金属片上，每颗珠粒都好像被一支优雅的花茎支撑着

矩形系列挂件

制 作 者：EM Jewellery
材　　质：925银、18K金
工艺描述：这些吊坠展示了在相同基底金属上应用不同的小造型可有效地实现的金珠粒工艺效果。长方形的亚光肌理与金珠粒的闪亮光泽形成了鲜明对比

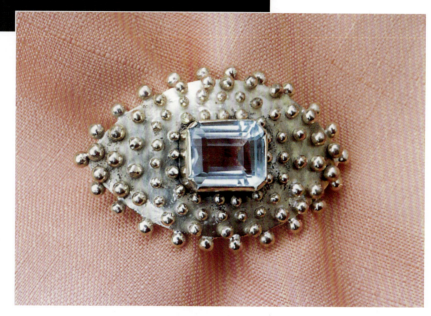

海蓝宝石胸针

制 作 者：Harriet St Leger
材　　质：18K金、海蓝宝石
工艺描述：大小渐变的金珠粒被焊接在黄金基底之上，与这枚独特胸针焦点处的大宝石一同散发出迷人的光芒

"团"戒Ⅰ、Ⅱ&Ⅲ

制 作 者：Kuo-Jen Chen
材　　质：925银、漆
工艺描述：戒指的展示方式使得半球凹漆面上的微小珠粒看起来受到了重力影响，构思巧妙

珐琅工艺

工艺概述

在所有的肌理装饰工艺中,珐琅工艺能给制作者提供最广泛的颜色选择。它能巧妙地表达出制作者创意和设计理念,并可在颜色和掐丝创意图案的丰富性方面创造出无限可能。

珐琅工艺能给作品以生动、鲜艳的外观,或以非常微妙的一抹色彩对作品产生极好的创意效果。珐琅工艺可以创作出"彩色玻璃窗"的效果或看起来像一幅多姿多彩画的效果。在透明珐琅作品中,闪亮基底金属与透明珐琅的结合可使色彩看起来立体感和质感十足。不透明珐琅可为金属带来丰富多彩的装饰色,这是其他任何方法都无法做到的。

珐琅作品创作是一项耗时的工作,因此,是否采用珐琅工艺需谨慎,应尽可能多地获取相关信息再决定。由于本书是一本关于表面肌理工艺的书,而不是专门关于珐琅工艺的书,请进一步阅读相关书籍以获得更全面的不同珐琅工艺信息。

高K金、铜和银都是创作珐琅作品的合适金属或合金材料。低锌黄铜,如果锌的含量低于10%,也是可以用于珐琅工艺的。钢板适用于大型装饰,也可用于制备珐琅产品,如嵌镶板。通常,要购买表面有预烧基底珐琅的钢材。当基底金属为铜时,借助焊枪,通过珐琅烧制可以非常成功地将铜和珐琅结合在一起;但当基底金属为银或金时,最好在焙烧炉中烧制珐琅。

珐琅工艺所需工具和材料

(从左至右:杵和研钵、色料盒及珐琅料、小毛刷、鹅毛笔、透明珐琅块)

珐琅工艺的种类

干筛珐琅:珐琅料经洗涤、干燥后,通过细筛网直接筛到金属上并立即进行焙烧。此方法最初用于烧制面积大于$6cm^2$的珐琅。它通常应用于铜胎上,在银胎上涂一层助焊剂时也可使用此法。

湿珐琅:将与水混合的珐琅均匀地、薄薄地铺在基底金属上,在烧制前必须完全干燥形成薄层。这是在金或银首饰上应用珐琅工艺的常见做法。

湿粘珐琅:将湿珐琅附着在工件三维表面。为了使珐琅料保持在原位,在工件表面涂上黄芩胶或珐琅胶,每隔一段时间用一块布或纸巾将珐琅料中的水吸出,以防珐琅料四处移动。

内填珐琅:珐琅料被放置于经酸蚀或手工雕刻的凹区域,即内填区。首先内填区被多次填入薄而均匀的珐琅层,直到内填区与周围金属同高。其英文名称"champlevé"来自法语"champ levé",意思是"凸起的场地"。

掐丝珐琅:将非常细的金属丝拉平并切割围成设计的图案,珐琅料被填入由这些金属丝围成的小凹区中。丝体的底边要么放在基底珐琅上并进行烧制,要么放入蚀刻区并进行焊接。为了使丝体在掐丝过程中能够保持直立,每

安全贴士

- 尽管有无铅的珐琅料,但大多数珐琅确实含铅。当使用小毛刷或鹅毛笔接触珐琅料的过程中,小心不要舔它们的顶端,因为它们可能含有小颗粒的铅。
- 使用焙烧炉时应注意安全。焙烧炉应放在钢板或陶瓷板上,在放入或取出珐琅工件时应佩戴绝热手套。

一段丝体需要有一定的弯曲或被掐成一定的角度,这种弯曲或角度还能够成为设计的一部分。

透明珐琅:在烧制珐琅前,通过凿、雕等手法在金属表面形成凹区,用于制备各种肌理,将透明珐琅放置于此并烧制。珐琅下的金属肌理清晰可见,不同厚度的珐琅可产生不同的颜色深度。

空窗珐琅:没有金属胎底,当一件成品被拿起并对着光线时,它的外观就像一扇彩色玻璃窗。通常,其图案是从金属片中锯出的,湿的珐琅料通过毛细作用固着于镂空区域。注意,在烧制前珐琅料必须完全干燥。为了将珐琅料固着于较大的镂空区域,可在金属片背面放置云母片来"托"住珐琅料。

画珐琅:将色浅但不透明的珐琅烧制在金属上,并用碳化硅磨石和砂纸将它磨平。画珐琅与其他珐琅工艺的不同之处在于:在将珐琅料绘制在不透明珐琅表面上之前,画珐琅料会被研磨成极细的颗粒并与纯油介质混合,绘制完成后必须至少干燥1h才可进行焙烧操作。

灰调珐琅:使用白色珐琅料将图案绘制于黑色珐琅胎底上,经烧制后会产生一种暗灰的渐变效果。

划线珐琅:待珐琅料干了,在其上划线露出胎底,烧制工件后,划线下的珐琅颜色显现出来,或者在划出的槽中放置另一种颜色的珐琅料并烧制,使线条呈现出另一种色彩。

花形和棒状珐琅:可制成各种形状,这些珐琅料可放置于已烧制的珐琅层上,并通过再次烧制使它们结合在一起。

工艺准备

市场上供应的珐琅料通常呈块状或粉末状,块状珐琅料在使用前必须研磨至碎粒状,不论是碎粒状还是粉末状的珐琅料都必须经过清洗。不透明珐琅料和透明珐琅料的准备工作相同。

(1)将所需数量的珐琅块放入研钵中。在2cm×2cm的金属面上烧制3~4层珐琅大约需要4~5g的珐琅料。将纯净水加入研钵中至研钵的一半,用杵将珐琅块碾碎,用木锤敲打杵的顶部可以起到辅助作用。杵在研钵中以弧形轨迹碾压珐琅料,至珐琅料很细并发出无结块破碎的声音时,即可停止研磨。这个过程一般只需要几分钟即可。

(2)在研磨至所需细度后,用杵轻敲研钵侧面,震动使珐琅细粒下移至研钵底部,倒掉浑浊水,换上新鲜水,把水在研钵中打转以清洗珐琅细粉,然后再倒掉。重复上述步骤,直至研钵中的水完全变清。

(3)将珐琅细粉从研钵中取出,直接放入调色板或放入小的、带有螺旋盖的塑料器皿中。确保珐琅细粉在被使用之前是被密封在水里的,这种方法可以保存1个月之久。在重新取用时,珐琅料需要再次被清洗干净。

当开始研磨和清洗珐琅料时,水会变得浑浊

最后一次清洗后,水应该是完全干净的

珐琅料的干燥（适用于干筛珐琅）

在研磨和清洗后，将珐琅细粉留在研钵中，并放在热焙烧炉的顶部晾干。干燥后应尽快使用这些珐琅细粉，因为它们在容器中放太久了会变质。

金属准备

珐琅料只能附着于非常洁净的金属表面。

(1)退火、酸洗、清洗金属，将金属放入热的小苏打溶液中，以确保金属表面没有残留的酸液。用软刷蘸少量洗涤液或玻璃刷擦洗。当金属非常干净时，水会呈薄膜状覆盖于整个金属表面且局部不会形成小水球。水从金属的任何部位流走，都会带走珐琅细粉。

(2)如果在珐琅烧制前必须进行焊接操作，请使用高温焊药或珐琅焊药。工件至少退火和酸洗3次，以便为珐琅料提供良好的胎底。

(3)为了使珐琅底部产生高反射效果，手持小雕刻刀非常均匀地雕刻金属表面，再用同样的方法清洗金属。所有使珐琅产生透底效果的操作都需在最后的清洗前进行。

(4)将准备好的金属保存于水中，待一切准备就绪并可以进行珐琅烧制了再取出金属。

这块银片有一部分是用玻璃刷刷过的，水呈膜覆于其表面，而形成小水球的区域表面仍然是有油脂的

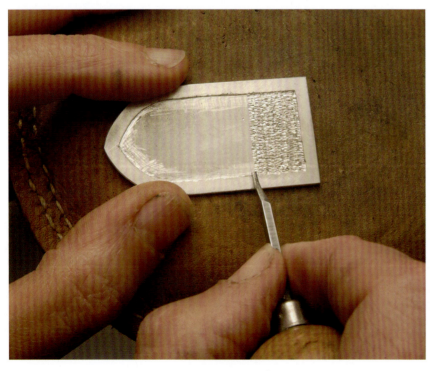

在珐琅烧制前，手持小雕刻刀在金属面雕出大体图案

珐琅焙烧

确保用于烧制珐琅的金属是干燥的。当在银工件表面烧制珐琅时，通常第一层烧制的珐琅只是"助焊剂"。这样可以防止任何火蚀出现在珐琅下面，使珐琅显得浑浊而不明亮。当珐琅底部的火蚀效果相当有趣并值得进行一些实验时，"助焊剂"（珐琅）也可作为烧制在铜胎上的第一层。

（1）将焙烧炉加热至900℃。这时应将用水包裹并保存在调色板或塑料容器中的珐琅料放在操作者面前。

（2）用鹅毛笔或金属小铲从水中取出一些珐琅料，均匀地涂覆在金属上。如果水过多，珐琅料就无法均匀地散开，可用纸巾角将水吸走。继续涂覆，直到珐琅料覆盖整个金属区域，待珐琅料完全干燥再行烧制。

（3）把工件放在金属丝网上，用长叉子将它放在焙烧炉口几秒钟以确保珐琅料干燥，将焙烧炉的门关闭使炉子恢复到所需温度，然后打开炉门将珐琅件放入炉中烧制。

（4）烧制珐琅所需时间的长短因工件大小、金属的厚薄和类型及所用的珐琅料类型而异。一个平均尺寸的工件——$3cm^2 \times 1mm$厚，大致需要50～60s的烧制时间，每隔

将烧制珐琅的焙烧炉温度保持在900℃左右，此时，炉内呈亮红色

15s需检查一次。当珐琅料开始发亮时，将工件从焙烧炉中取出。

（5）从焙烧炉中取出工件，放置冷却后再烧制下一层。重复这个过程，直至珐琅层略高于周围的金属（内填珐琅）或达到所需的颜色深度（透明珐琅）。这时，工件可以用磨石磨平。

珐琅件的磨平、磨亮

（1）为使珐琅层表面光滑、平整，可使用金刚磨石、粗砂纸（220#）或金刚石砂带打磨其表面。具体操作如下：将珐琅件放在流水下，用金刚磨石或其他替代物平放在工件上，直至打磨光滑。再用更细的砂纸（400#或600#）将工件表面打磨光亮。

（2）让珐琅件完全干燥，然后焙烧最后一次使珐琅层表面显现出真实的颜色和光亮。

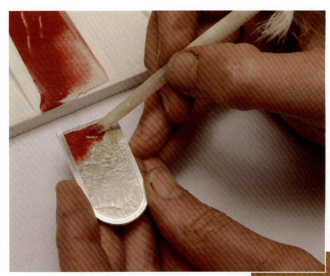

用鹅毛笔尖把湿珐琅放置在银件上

把珐琅件放平，这样就能顺畅地将其表面磨平、磨光滑了

样片

珐琅工艺使作品增加了一个全新的设计维度——颜色。铜胎体上可以烧制所有颜色的珐琅，使作品充满魅力。在银胎体件上获得真正美丽的外观效果则需要花更多的时间和心思。对银胎体而言，气烧焙烧窑或电焙烧窑对珐琅烧制是必不可少的；但对铜胎体而言，仅用焊枪就可以将绝大多数的珐琅料烧制于铜胎体上。以下样片有的仅花费了几分钟，有的则花费了几个小时。

①~⑥：基底金属为铜

① 将坚硬的白珐琅料筛在铜片上并烧制。在白色底胎上放上透明和不透明的珐琅块并烧制。

② 将坚硬的白珐琅料筛在铜片上并烧制。将一块金属模板固定在工件表面，筛选绿色珐琅料。通过筛网的珐琅粉聚集在白色底胎面上，移除模板，烧制。

③ 先将一种坚硬且透明珐琅料（助焊剂）作为第一层烧制于铜片上，随后将湿的红色和黑色珐琅料涂覆其表面。当黑色珐琅料变干时，用一根针在其上划出曲线，并烧制。再将珐琅工件从炉体拿出并在划线处和红色珐琅局部表面撒上锉下的细小银粉，并再次烧制，从而制作出划线珐琅效果。

④ 烧制后，使用磨石将高温白色基底珐琅的表面磨平，然后画上黑线并烧制。将彩绘珐琅料与薰衣草油混合并碾碎，然后用小毛笔蘸取适量粉末在磨平面绘画，晾放1h后再烧制。

⑤ 先将一种高温透明珐琅料（助焊剂）作为第一层胎底烧制于铜片上。再将红色透明珐琅料以平行锯齿形图案涂覆其上，而蓝色珐琅料（助焊剂）涂于各锯齿形图案的区域之间，烧制。最后，画上黑色的线条和圆点，并再次烧制。

⑥ 先将一种高温透明助焊剂珐琅料作为第一层（胎底）烧制于铜片上，将掐丝件放于其上并烧制。随后，将彩色珐琅料填入掐丝件所围区域内及其周围，烧制。重复上述过程3次，直至掐丝件内部被珐琅料填满，将珐琅件表面磨平并再次烧制。

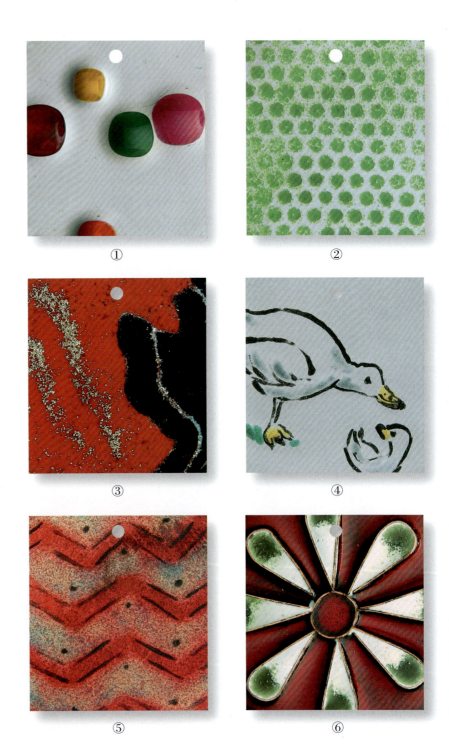

 操作要点提示

- 当准备多种颜色的珐琅料时,记录下每种珐琅料在调色板上的位置。因为一旦珐琅料被磨成粉体,其颜色就不总是那么明显了,记录下来就不容易将其颜色混淆。
- 保持焙烧炉的温度略高于所需温度,因为当炉门打开时,温度会迅速降低。
- 用磨石磨平珐琅表面时,需在流水中进行,以防金属碎片嵌入珐琅中。
- 每次都要先制作一个测试件,以确保选择的珐琅料看起来色正,然后再进行烧制操作。
- 清洗并碾磨后的珐琅可以在密封的容器里放在水中一个月,再用前需再次清洗。

⑦~⑬:基底金属为银

⑦ 在银片上由蚀刻所形成的凹区中烧了一层蓝色珐琅(助焊剂),将银掐丝件放于其上并烧制。将工件从炉体中拿出后,不同颜色的湿珐琅粉被内填于银丝件所围成的凹区内,待干燥后烧制。重复直至凹区填满,随后,将珐琅件表面磨平并再次烧制。

⑧ 将紫色透明珐琅粉直接铺在银件经蚀刻和雕刻而成的凹区内,随后,在焙烧炉中烧制。接着,带状的银箔被铺在珐琅上,并再次烧制。

⑨ 为了实现透底效果,先将银片表面蚀刻出一个区域,手持雕刻刀在此区域内雕出近于平行的弧形槽,将蓝色透明湿珐琅填入槽中,经烧制后可看出刻线的深度会影响蓝色的明暗度。

⑩ 先在银片上烧制一层蓝色珐琅料(助焊剂),将银掐丝件放于其上并烧制。将各色珐琅料填满掐丝件所围成的凹区,并用石头磨平,再次烧制。根据设计需要,除了要蚀刻的区域外,整个工件都要涂上隔离膏,然后把它在氢氟酸中放置1h以在珐琅表面形成蚀刻线。最后,将隔离膏除去。

⑪ 该图案经手工雕刻而成,并在凹区烧制透明珐琅料。灰色透明珐琅料被烧制于最外层,用来塑造光亮透明的外观。

⑫ 不同色调的蓝色珐琅粉要么直接烧制于由机器雕刻所形成的凹区内,要么烧制于基底珐琅(助焊剂)上,以形成颜色深浅的对比。

⑬ 为了达到这种圆雕效果,珐琅料被烧制在一个金属圆顶上。作品中使用了多层透明的和不透明的珐琅料。最后一次烧制时加入了银箔,并用细钢丝绒轻轻擦拭。

作品展

这些展品仅展示了珐琅效果的冰山一角。在其中一些作品中,珐琅替代了宝石被镶嵌于金属中,并成为作品的亮点;而对其他作品,珐琅自有其存在的理由。珐琅可以是五颜六色的,也可是细致巧妙的。例如,作品《灰靶吊坠》散发出冷静、沉着的感觉,而作品《粉红色项链》很容易吸引人们的目光。

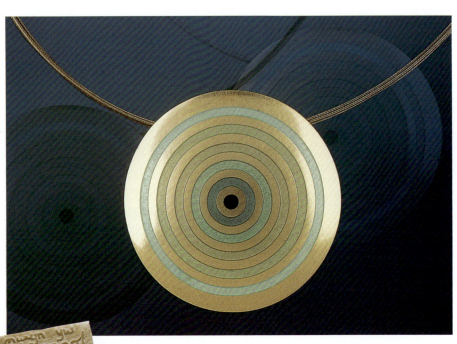

灰靶吊坠

制 作 者:Jane Moore
材　　质:925银、珐琅
工艺描述:借助蚀刻工艺,在银盘上制出同心圆槽,在槽中烧制珐琅形成一个简单的吊坠

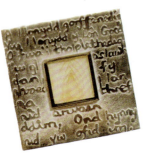
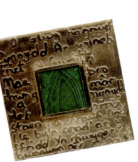

粉红色项链

制 作 者:Jinks McGrath
材　　质:925银、24K金、珐琅、红宝石
工艺描述:这条美丽的银项链由多个独立的圆盘组成,其中一些圆盘上有掐丝珐琅,其他的则使用弧面型红宝石镶嵌或熔接金片形成肌理

"最爱"系列 I

制 作 者:Mari Thomas、Emma Sedman
材　　质:925银、珐琅
工艺描述:珐琅成为各个作品中醒目而又多彩的焦点

珍珠吊坠

制 作 者：Jinks McGrath
材　　质：925银、24K金、珐琅
工艺描述：此吊坠的主体是将24K金熔接于具有肌理的925银表面。吊坠的正面由珐琅与熔接的黄金组成，表现出一种印度织物风格的设计特色

掐丝珐琅胸针

制 作 者：Kyoko Urino
材　　质：银、珐琅
工艺描述：颜色运用十分巧妙的掐丝珐琅胸针，反映了日本传统的地面波浪图案。胸针外形受到了日本宝剑剑柄挡盘的启发

"最爱"系列 II

制 作 者：Mari Thomas、Emma Sedman
材　　质：925银、珐琅
工艺描述：本系列首饰在有肌理的925银表面烧制透明珐琅，珐琅与蚀刻文字形成鲜明的对比

绳索吊坠

制 作 者：Kyoko Urino
材　　质：银、珐琅、丝绳
工艺描述：吊坠由一个拱形圆盘组成，盘顶被锯去两个月牙形，形成两个镂空区，一个镂空区用于穿丝绳，另一个用于烧制内填珐琅。吊坠中还应用了空窗珐琅。珐琅和丝绳的颜色相互补充，并与该作品主体上使用的做旧表面形成鲜明对比

金属雕刻工艺

工艺概述

手工雕刻需要时间、实践和耐心。该工艺对创作者技法的熟练程度要求特别高,最好的作品肯定出自那些在该工艺领域有多年实践经验的制作者之手。尽管如此,学习一些金属雕刻基础知识和技巧对初学者是非常有必要的。除了手工完成,金属雕刻效果也可通过使用电动设备——吊机来实现。吊机配备有不同种类和尺寸的机针及金刚石针,可以创作出各种效果。

始终保持手工雕刻刀的适度锋利。要达到此效果,最好的工具就是碳化硅磨石或一种产于阿肯色州的磨石。雕刻刀一般不带把手销售,这样,把手长度可以根据个人需要进行选择。电动吊机通常放置于首饰工作台上方,以方便使用。

吊机

市场上有各种类型的适合安装于首饰工作台的吊机,可以安装不同的机针,如细、中、粗3个等级的球形机针,它们能够在金属上钻车出凹圆形。另外,车削力不强的机针可仅用于车出平滑的线性肌理或交叉肌理;市场也有金刚石针,其外形可以是圆锥状、圆盘状、球状或圆柱状等,这些金刚石针足够锐利,很容易在设计位置车出所需形貌。

吊机也非常适用于工件细小区域的清洁和抛光,砂纸可以固定在砂纸夹上,以方便抛磨戒指内圈;各种形状的硅胶机针可在金属表面磨出缎面肌理;还有一些是特制硅胶机针,它们可以在铂金表面抛出很光亮的效果。小型抛光毡刷、抛光小轮与大型布轮抛光机所使用的抛光蜡是相同的。

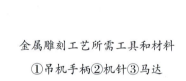

金属雕刻工艺所需工具和材料
①吊机手柄 ②机针 ③马达

不同刀尖形状的手工雕刻刀

安全贴士

- 雕刻刀的尖端非常锋利,不用时要么把它们存放在盒子里,要么用防护套(如软木套)套住雕刻刀的刀尖。
- 对于需要雕刻的工件,可以将它固定于手工雕刻的台钳上,或者将它置于包有皮革的砂袋上。
- 把雕刻刀的把手很舒适地握于手掌内,同时用拇指和食指捏紧雕刻刀。用另一只手按住正在雕刻的工件,将食指放在握着雕刻刀手拇指的前面能起到"刹车"作用,防止雕刻刀失控滑出,也可确保雕刻刀没有来自支撑手指的阻挡并使雕刻刀沿着金属面上设计的线条轨迹运动。握持雕刻刀的拇指对于雕刻工作起主要控制作用。

雕刻刀把手应被舒适地把握在手中,这样就不会有太长的把手突出

将设计图案拓印至金属片

在将要雕刻的图案拓印至金属片之前,请确保金属片的表面干净且无刮痕。使用220#~1200#砂纸逐级打磨金属,以获得较光亮的金属表面。

把图案描绘在描图纸上,把描图纸翻过来,用软铅笔描绘图案的线条。将描图纸(图案正面向上)放在金属片上并固定。使用划线器沿着图案的线条描画将它转移至金属片。取下描图纸,用划线器再次描画金属面上的线条,保持线条细且清晰,如果是"羽毛状"线条就不能进行金属雕刻。

将雕刻刀磨锋利

尽可能地保持雕刻刀锋利。它们越锋利,雕刻就越容易。最先用碳化硅砂轮磨制雕刻刀,磨得差不多的时候再用细的碳化硅磨石或一种产于阿肯色州的磨石手动磨制。把磨石放在工作台上容易够到的地方,并确保其上有起润滑作用的油。

(1)手握雕刻刀把手,并将雕刻刀刀尖平放在磨石之上,保持需要磨制的角度。需磨制的雕刻刀刀面应绝对水平地通过磨石。在磨石上磨制雕刻刀时,对于同一磨制面应始终保持同一角度磨制。

(2)待刀尖锋利时,将雕刻刀的底面微斜,使其前端接触磨石,轻轻摩擦,以去除雕刻刀尖底面的任何多余金属。雕刻刀锋利程度的测试可以在大拇指指甲上进行,如果稍稍推压雕刻刀就能感觉到它嵌入了指甲,则说明雕刻刀很锋利。有些雕刻刀尖部底端是经底面过渡磨制而来的。这是为了确保进行雕刻时,刀尖底部不会在金属表面上留下痕迹。

握紧雕刻刀使需磨制的刀面完全平放在磨石上

直线雕刻

用菱形雕刻刀雕刻直线。开始雕刻时,手柄与金属片呈70°,使雕刻刀尖端"扎"入直线起始端。

将手柄与金属面之间的角度降低至大约20°,沿直线推动雕刻刀一小段距离。当此段雕刻完成时,向上挑起雕刻刀刀尖。不要尝试一次雕刻太长的线,因为雕刻刀刀尖可能会滑出并划伤金属面。

当用菱形雕刻刀雕刻直线时,每隔一段时间就需要把碎银片挑出

曲线雕刻

用菱形雕刻刀也可以雕刻出曲线。定位工件,以便在雕刻时可以转动工件。主要技巧是雕刻刀主体和手柄应随曲线方向的变化而变化。雕刻曲线时,大体的方向是朝向雕刻者而不是远离雕刻者。将雕刻刀稍微沿着直线向左或向右转动将曲线加宽。如果操作者没有经过大量训练且没有掌握操作技巧,那么明智的做法是少量而多次地完成雕刻。

雕刻时将菱形雕刻刀刀尖倾斜切入曲线中

雕刻羽毛

制 作 者：Liz Olver
材　　质：银
工艺描述：巧妙的、近乎自然的雕刻细节将一个简单的羽毛外形吊坠变成了一件精致的艺术品。

雕刻凹区域

雕刻凹区域要用到的工具为菱形雕刻刀和方头雕刻刀。先用菱形雕刻刀在外围线内雕出一条线，接着使用方头雕刻刀将雕刻线扩宽，并在此过程中按要求将区域内的部分金属去除，从而雕刻出凹区域。为了保持凹区域表面水平，推进雕刻刀时，应使其轴向与金属面的夹角非常小，然后用雕刻刀修整凹区边缘直至外围线。

使用刀尖较宽的雕刻刀从较大凹区域铲除金属

山中百合胸针

制 作 者：Margaret Shepherd
材　　质：18K黄金、20K金叶、白金、红宝石
工艺描述：在18K黄金基底上雕刻了红色20K金叶。白金制作的百合和红宝石对这件艺术品起到了很好的美化效果。

样片

无论是手工雕刻还是机器(吊机)雕刻,都能制作出各种各样的雕刻肌理。正如以下样片所示,雕刻不仅仅是简单地创建线条或形状;它还可以用来产生整体的艺术效果,这种效果可以作为珐琅工艺的背景。雕刻出来的线条可以利用做旧工艺使效果更加突出,交叉线可用来创建阴影效果。

①~③:基底金属为黄铜

① 使用划线器在黄铜片上划一个圆,用安装于吊机上的小球形机针在圆内雕出肌理,外部的放射线是由安装于吊机上的锥形金刚石针车出的。
② 利用安装于吊机上的硅橡胶轮在黄铜表面车出的效果。
③ 风筝图案是由安装于吊机上的球形磨石钻、车而成的。

④~⑧:基底金属为银

④ 这张素描先用划线器刻出,随后用菱形雕刻刀手工雕刻,接着作品经过了做旧处理,最后用细砂纸打磨金属表面以衬托出雕刻线条的暗色。
⑤ 用软铅笔勾画出花形图案,并使用菱形雕刻刀雕出花形。
⑥ 通过冲压成形工艺形成五角星图案,然后使用软铅笔绘出的成形件内线和外线,接着用菱形雕刻刀和小的平边雕刻刀进行雕刻。五角星图案内部使用多线雕刻刀雕出众多细小线条。
⑦ 用模板和划线器在银片上划出3个三角形,最上面的三角形使用圆边雕刻刀雕刻内部肌理,中间的三角形使用菱形雕刻刀雕刻内部肌理,最下面的三角形用平边雕刻刀雕刻内部肌理。
⑧ 叶形图案显示不同的线宽,其轮廓线先用菱形雕刻刀雕刻再用平边雕刻刀雕刻,而内线则用圆边雕刻刀雕刻。

操作要点提示

- 使雕刻刀保持锋利。不使用时用软木塞套住刀尖,可使刀尖保持锋利。
- 雕刻时,如果雕刻刀因打滑而划出额外线条,在使用砂纸打磨之前,先用钢压笔压刮一下。
- 将雕刻作品放在沙袋上或固定于特殊的雕刻抓手上。
- 如果使用吊机来雕刻,之前一定要先在一块废金属上试一下。
- 用划线器轻轻绘出需要雕刻的线条,铅笔绘出的线条容易被擦掉。
- 雕刻线应有足够的深度,确保线条在打磨或抛光工件时不会消失。

⑨

⑩

⑨、⑩:基底金属为银

⑨银片表面的不同雕刻深度是为在其上烧制珐琅而准备的。这些线条是先用菱形雕刻刀,再用小的平边雕刻刀,最后用凿子形雕刻刀完成的。

⑩使用菱形雕刻刀雕出线条,为后续的珐琅烧制做准备,表面经过了细砂纸打磨。

⑪~⑭:基底金属为铜

⑪用装于吊机上的锥形金刚石针沿不同方向划出粗略线条。

⑫用划线器勾勒出图案轮廓,并用有平行齿口的金刚石针和小圆头金刚石针雕刻而成。

⑪

⑫

⑬先用软铅笔勾画出"大酒杯"轮廓,然后用菱形雕刻刀雕刻。明暗效果使用多线雕刻刀雕刻而成。

⑭用软铅笔勾画出"鱼"形轮廓。使用安装于吊机上的细锥形金刚石机针雕刻出图案细节,最后用细砂纸打磨。

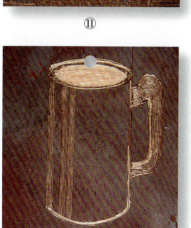
⑬

⑭

作品展

以下作品展示了金属雕刻工艺在设计上的应用。该工艺不仅可以成为作品的主体工艺,也可使作品获得意外的艺术效果。作品《山中百合手镯》和《虎蛾胸针》都应用了金属雕刻工艺来突出某些区域,而作品《耳钉系列》中金属雕刻是该设计中的主体工艺。

虎蛾胸针

制 作 者:Margaret Shepherd
材　　质:925银、22K金、18K金
工艺描述:金属雕刻工艺为飞蛾的形式增添了真实感。22K金大飞蛾翅膀上的雕刻肌理提升了整件作品的细节层次

山中百合手镯

制 作 者:Margaret Shepherd
材　　质:18K金(黄色、白色、红色)
工艺描述:树叶上的雕刻线条为奢华手镯增添了写实感和对比度,树叶的设计十分个性化

○ ○
④ ⑧

价签手链

制 作 者：Stacey Lorinczi
材　　质：银、23K金（镀银）
工艺描述：这款手链的"标签"上刻有不同货币符
　　　　　号和价格（美元、英镑、日元、法国法
　　　　　郎和葡萄牙埃斯库多），彰显了消费
　　　　　文化

耳钉系列

○ ○ ○
③ ⑫ ⑭

制 作 者：Harriet St Leger
材　　质：金、珍珠
工艺描述：这些耳钉上的"蕾丝"效果是由安装
　　　　　在吊机上的机针雕刻完成的

错金工艺

工艺概述

错金工艺描述的是，一种颜色与基底金属颜色明显不同的金属以图案或轮廓的形式嵌入到大片基底金属中去而形成的一种金属表面效果。雄伟的印度阿格拉泰姬陵是错金工艺最令人兴奋的范例，在陵墓内部和外部，玉髓、玛瑙、和田玉嵌入白色大理石中形成花卉图案。其他错金工艺的例子还有东方人制造的木箱，上面嵌着精美的黄铜细丝、铜细丝和银细丝、大理石或宝石片，形成了迷人的图案。

有多种方法可以达到相似的错金工艺效果。错金工艺的传统方法是用小凿子在金属表面凿出小槽，然后用锤子把颜色明显不同的金属丝敲入小槽中。更简单的方法是不使用金属丝，而是将焊药烧熔充填于凿出的小槽中。另外一种方法是在薄的金属片上锯出图案，并将它焊接于颜色明显不同的厚金属片上，然后利用压片机将薄金属片压入厚金属片中。还有一种方法是从一种金属中锯出形状或图案，在颜色不同的另一块金属片上镂空出相同的形状或图案，然后将锯出的形状或图案嵌入镂空处并焊接牢固。

错金工艺所需工具

[从左至右：不同尺寸的凿子（用于在金属上凿出槽口）、钢条料（用于制作凿子）]

传统方法

传统错金工艺使用的工具为不同尺寸的凿子，凿子直接用锤子敲打而成。将工件固定于球形台钳（便于转动）上或沥青碗里。在工件固定之前，先用划线器在其上划出图案。

（1）使凿子与工件成90°，用锤子敲击凿顶使凿尖切入金属至合适深度。敲击并逐渐倾斜凿子至右图所示角度。敲击凿顶沿刻出的线条向前凿进，当凿出的金属屑条向上弯曲时，取出金属屑条，保持凿槽清洁。继续以上操作直至线条完成或区域轮廓凿刻完成。

（2）使用较宽的凿子凿去图案内的金属，然后用雕刻刀将凿出来的凹区底部整平。

（3）用圆金属丝嵌入单个凹槽或切取合适尺寸的金属片嵌入凿出来的较大凿凹区。

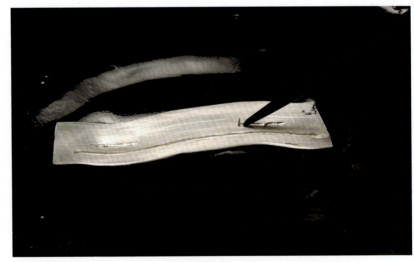

用钢凿凿出槽口为嵌入金属丝做准备。保持凿子的锋利度，以确保银片上的槽口是光滑的

● 当使用锋利的凿子或雕刻刀制作槽口时，一定要把凿子推离而不是朝向操制作者。

将金属丝的一端嵌入到凹槽的起始处后,用锤子锤击金属丝使它全部嵌入凹槽

嵌入圆金属丝

使用与凿槽直径相同的金属丝,将金属丝的一端嵌入槽中,然后用锤子或亚光錾将金属丝嵌入槽中。在凿子的作用下,槽口边缘会略微凸起,可以将凸起的边缘向下推压到嵌入的金属丝上以便同时起到固定金属丝的作用。

嵌入金属片

将待嵌入的金属片退火、酸洗、清洗。塑形使它略凹,然后将它放置于凿出凹区的底部,用木锤轻轻地敲击金属片使它完全嵌入凹区,将凹区微凸的边缘推压至嵌入的金属片上。

使用亚光錾向内、向下推压银槽的略微抬高侧边

焊药充填法

使用焊药充填法的错金工艺需要在金属上凿出一个深度刚好可容纳焊药的小槽,小槽可使用錾子錾印、雕刻刀雕刻出或后文錾花工艺所使用的錾子錾出,其他可能的方法还包括借助金属丝通过压片机压出或蚀刻出一条凹槽。

(1)在凹槽内涂抹助焊剂,将与大片基底金属颜色不同的焊药小片沿凹槽紧密间隔放置。缓慢加热工件,使焊片不会被吹走或移动,逐渐增加温度,直到焊药开始流入凹槽。

(2)当然,也可使用焊条充填线状凹槽。取尺寸为40mm×1mm的焊条若干,并在其上涂上助焊剂。把它们排成一行,这样就可以将它们一个接一个地快速夹起来。在凹槽的起始端放入小焊片,加热工件,直至焊药开始流动。接着,用绝热镊子夹住焊条并放入凹槽中,加热工件至焊条熔化,继续以上操作,直到所有的凹槽都被焊药填满。

(3)这两种方法都会出现焊药过剩的情况,使用锉刀把它们锉平,然后用砂纸把整个金属片磨平。

(4)如要在工件上制作肌理,可借助有肌理的纸或布料使工件通过压片机。

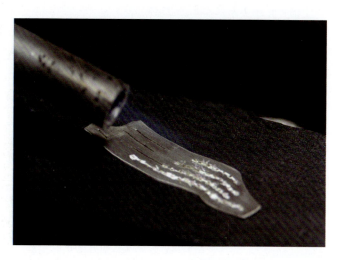

沿着线状凹槽放入黄金小片,加热使黄金熔化充满线槽从而制备出不同颜色的线条

表面焊接法

在厚度不超过0.5mm的金属片上锯出图案。该图案的最终外形无法很精确,因为它通过压片机后会变形,因此,要根据该工艺特点进行相应的图案设计。

(1)在锯出的金属片背面涂上助焊剂,在其上均匀地放置小焊片,加热使每个小焊片熔化形成扁平状"斑点"。

(2)将该金属片酸洗并清洗干净。再用平锉锉掉斑点顶部,但留下扩散开的焊层。重新涂抹助焊剂,并把它放在一块颜色不同的大片金属上(约1mm厚),两片金属之间相平。在焊接前先用扎线把它们绑在一起。

(3)在小金属片边缘放置一片相同的焊药,加热直至焊药开始流动,保持温度使层间的焊药流动,焊接两金属片。

(4)酸洗该工件并用水冲洗,接着将工件放入装有1汤匙小苏打和1杯水(250mL)的配制溶液中,煮沸,然后在水中进行最后一次冲洗。等工件彻底干燥后,将它放入压片机轧制,直到小片金属被压进大片金属并变平。在轧制时,工件每次通过压片机的方向都应发生改变。

在一块薄的金属片上描出图案并锯出

锯出并嵌入法

这种错金工艺方法形成的图案外形非常精确。它适用于较大的镂空区域,如果使用的金属厚度不超过1mm,则操作起来更容易。

(1)在第一块金属片上锯出所需图案,清洁并严格锉修成所需形状。使用双面胶带将锉修的金属片粘于第二块金属片上并压紧。

(2)用细划线器沿锉修金属片边缘在第二块金属片上划线,该阶段的划线越精确,随后的焊接就越容易。

(3)在划线围成区域内钻一个0.5mm的孔,将锯条穿过钻孔并沿着划线内侧把圈内区域镂空。

(4)经锉修后确保第一块金属锯出的形状能完好地嵌入第二片金属的镂空区域,在二者缝隙处涂抹助焊剂,并在正背面焊缝处放置焊药进行焊接。焊接前,如果嵌入时有地方存在间隙,焊接后缝隙会变大,因为内片在焊接过程中会贴向与其边缘吻合得更好的地方。

将小铜片焊接于大银片上,然后将该工件多次通过压片机直至小铜片被压入银片,最后利用棉布纤维将该工件通过压片机,制备出一种有趣的表面肌理

先锯出要嵌入的白色K金片,然后紧贴划线内侧镂空黄色K金片,锉修使白色K金片能顺利地嵌入黄色K金片中

在K白金嵌入件的底边周围放置一些小焊片,加热使焊药熔化,将它与K黄金焊接在一起

将K白金与外围K黄金焊接在一起并制成穹顶,用低温焊药将它连接在垫片上

条纹耳饰

制 作 者:Jill Newbrook

材　　质:银、18K白金、红宝石

工艺描述:这些由银嵌入18K白金所构成的图案与红宝石小圆钉使作品呈现出一种纯粹、微妙和极简的艺术风格

蒲公英时钟胸针

制 作 者:Margaret Shepherd

材　　质:银、18K金

工艺描述:胸针主体材质为银,嵌入日本赤铜、shibuchi和18K金

样片

错金工艺的目的是在平面上产生由不同颜色金属组成的图案,由此而产生颜色上的美妙变化是任何其他方式难以实现的。从非常细的金属丝到具有复杂镂空金属片的各种材料都可嵌入另一种金属材料,且其成品效果看起来像是一个整体。

①～③:基底金属为银

① 漩涡状金属片从有肌理的银切割而来,将该金属片粘于另一银片并用针将它的轮廓勾勒出来,勾勒区的金属被锯出而形成镂空区,将漩涡状金属片嵌入镂空区并从金属片背部焊接。

② 从0.5mm的铜片上锯出9个直径逐渐变小的圆圈。将各圆片背面放上小片高温焊药并烧熔,随后将各圆片背面的焊药凸出点锉平。接着,将各圆片按照设计焊接于1mm厚的银片并通过压片机,直至各圆铜片表面与银片表面齐平。将银片退火,利用棉布再次将银片通过压片机而制备出表面肌理。

③ 从银片上锯出花形,退火后用球形锤锤出肌理。用顶面为菱形的雕刻刀雕出线条图案。用银焊药将直径0.5mm的金丝焊接于雕刻槽中,然后用首饰锤将金丝敲平。

④:基底金属为金

④ 中心形状从0.5mm厚的18K白金片上锯切出,从0.5mm厚的18K玫瑰金锯出同样的形状,使用K黄金焊药将锯出的18K白金片嵌入到18K玫瑰金片的镂空区,在使用砂纸打磨之前将此18K金片錾成圆顶状。样片未抛光,其最终成品为耳钉。

⑤:基底金属为铜

⑤ 从黄铜片上锯出如图中所示的纵横交错的图案,在每个交错件背后放置小焊片并分别烧熔。将交错件分别焊接在红铜片上,将红铜片通过压片机轧制,直至黄铜与红铜片齐平。

①

②

③

④

⑤

操作要点提示

- 要将一个较大尺寸的金属片嵌入到另一个金属片，请在被嵌入金属片上切割出比嵌入件尺寸稍小的镂空区，并将它锉修至合适尺寸。如果尝试着在被嵌入金属片中切割出相同尺寸，则几乎总会出现镂空区太大的情况，使得嵌入过程变得更加困难。
- 在可能的情况下，从工件背面进行焊接。
- 将9K金嵌入银是一个难题：9K金往往会往银中扩散。
- 将金属片嵌入到另一种颜色不同的金属片时，确保两者厚度相等。

⑥

⑦

⑥、⑦：基底金属为铜

⑥将直径为1mm的银丝底部锉平，接着把它焊接到铜片上。多次通过压片机直至银线与铜片齐平。

⑦用心冲在铜片上标记出需嵌入金属的位置，用钻针钻出若干1mm的孔，然后将直径为1mm的银管嵌入孔中并焊接，将直径较小的铜线嵌入每个管内并焊接。将多余的银管和铜线锯掉并锉平。

⑧

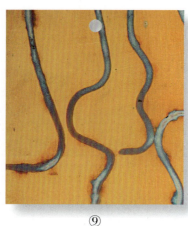

⑨

⑧、⑨：基底金属为黄铜

⑧用顶部为菱形的雕刻刀在黄铜片上雕出图案，将细银丝锤入雕刻槽内并焊接。

⑨用顶部为菱形的雕刻刀在黄铜片上雕出图案。将小块相连着的银焊片放于雕刻槽内，加热工件直至焊片熔化流动并填满雕刻槽。逐级使用220#～1200#的砂纸打磨黄铜面，然后将工件放入硫酸钾溶液中，银焊药会被氧化，但黄铜不会。

⑩：基底金属为铜

⑩从黄铜片上切割出菱形图案，在红铜片上锯切出小的菱形镂空区，并将该区锉修至合适尺寸。将菱形黄铜片嵌入红铜镂空区并从背面焊接。逐级使用220#～600#的砂纸打磨金属表面，然后将整块金属片进行氧化处理，铜会氧化，但黄铜不会。

⑩

作品展

从精细和微妙到大胆和形象，错金工艺可将人们带入不同的艺术体验中。这项工艺的精髓在于：无论运用多少种图案和颜色，金属表面都是平滑的并能形成镜面反射。

④ ⑧ ⑨

"ARCHEOLIGIA MUNDI"第三卷项链

制 作 者：Suzan Rezac

材　　质：925银、日本赤铜、18K金、shibuchi、铜、黄铜和青铜

工艺描述：这款充满魅力的项链使用了多种金属，每个单元都融入了错金工艺。这种效果是一种非常精细的图形风格，类似于古代陶器的碎片

⑧

线点吊坠

制 作 者：Shelby Fitzpatrick

材　　质：925银、22K金

工艺描述：这款穿在编织绳上的中空吊坠，利用错金工艺形成了点状、线形金

首饰表面肌理效果与工艺

钯金吊坠和耳钉

制 作 者：Jill Newbrook
材　　质：925银、钯金、22K黄金
工艺描述：以22K黄金为框体，将带状钯金嵌入银中使该作品的线条清晰。金属颜色的细微变化特别有效。时尚的耳钉悬挂在黑色珍珠下，使得多种色彩搭配得很流畅

羽毛耳钉

制 作 者：Margaret Shepherd
材　　质：925银、18K金、红宝石
工艺描述：这款优雅耳饰上嵌入的带状黄金与银氧化后形成的黑色形成鲜明对比，共同营造出奇异的羽毛外观

双重悦耳钟声吊坠

制 作 者：Shelby Fitzpatrick
材　　质：925银、金
工艺描述：在银球上嵌入黄金细节，以微妙的颜色变化创造出大胆的图案

錾花工艺

工艺概述

錾凹(在金属片正面所进行的各种操作)和錾凸(在金属片背面所进行的各种操作)这两种装饰工艺常相互配合使用,运用鱼、水、鸟、动物和植物等立体形式创造出图案、形状和线条。錾花工艺要用到沥青,即柏油、石膏和蜡的混合物。要把沥青放在一个有木头垫圈且密度较大的金属碗里。

錾凹錾很精细,可以在金属表面上展开和錾刻线条,或者錾出由小的线、点、交叉线或曲线组成的图案。一个小的平边锤常被用来有节奏地、连续地敲击錾子实现錾凹。

錾凸錾子的头部外形是光滑的平面或凸曲面。作品的凸出外形是通过在金属片背面使用球形锤子敲击錾子顶部将其头部逐渐打入金属片而成的,当从金属片正面看时,錾子錾出的外形呈凸出状。

錾花工艺常用工具

(从左至右:各种錾子、錾花锤、沥青碗)

安全贴士

- 使用热沥青时要非常小心,因为它会造成烧伤。当从金属片上烧掉沥青以达到清洁目的时,始终将金属片放在沥青碗的上部,以使任何滴落的沥青落入碗中,而不是落在手上。
- 如果操作过程中需要接触到沥青,先将手指蘸冷水。
- 当使用锋利的錾凹錾时要很小心,将小指放于金属上抵住錾子以防錾子向前滑动。

如果先把手指浸入冷水中,就能安全地把沥青推到金属片的边上并牢牢地固定它

图案拓印

将金属退火,使用细砂纸打磨金属使之呈亚光效果,然后可使用以下两种方法之一将图案或图片拓印到金属表面。

方法一:在描图纸上描出图案,用软铅笔在反面画出图案,把描图纸背面朝下贴在金属片上。使用划线器,沿着图案的所有线条将铅笔所画线条拓印到金属表面,揭掉描图纸。再次使用划线器将金属片上的图案的线条勾勒得更清晰,然后按下文步骤使用錾凹錾錾出图案轮廓。

方法二:将一张描图纸对折,然后将金属片夹入其中。在描图纸上描出图案,使图案位于金属片的中心区域。取出金属片,将图案描绘于另一半折叠纸的外表面,在两半张折叠纸的内面分别用软铅笔描绘出图案。将金属片放回对折的描绘纸中,用胶带把纸包在金属上。用划线器分别描绘金属片正、反两面的图案线条,将铅笔所画线条拓印到金属片的两面。将描图纸取掉,再次使用划线器分别在金属的正、反面划出更清晰的线条。然后按下文步骤使用錾凹錾錾出图案轮廓。

使用划线器将铅笔线通过描图纸拓印到金属片上

錾出图案轮廓

(1)用平嘴钳将退火金属片顶面的每个角向下扳弯。用散火加热沥青,将金属片面朝上放入其中。将软化的沥青推压到金属边缘将金属片固定,让沥青冷却。

(2)用稍微光滑、似凿子头部的錾凹錾将图案的轮廓錾在金属表面。用拇指和三个手指以一定角度握住錾子,使顶部远离操作者而底部朝向操作者,这个角度可以很容易观察到錾凹出来的线条。

(3)一旦图案轮廓錾凹完成,再轻轻加热沥青直到金属片能从中取出,退火。在退火时,附着的沥青会被烧掉。用平嘴钳把金属片的角扳向相反的方向,然后再将金属片反面放入沥青中并固定。

(4)敲击錾凸錾将在金属片正面需要凸起的区域向下逐渐压入沥青中。如果金属退火良好,很深的凹区能被錾子錾出。此过程中需保持錾头在图案的轮廓线内。

(5)用绝热镊子夹住金属片,在沥青碗的上部轻轻加热金属片直到沥青流下,进一步对金属退火烧掉所有沥青残留物。如果錾凹区域太深,最好先用沥青填充并让其变硬,然后再将金属片正面向上放回沥青中,在此之前需用平嘴钳将顶角弯曲至相反方向以使金属片在沥青中固着,再使用錾凹錾在凸出的顶部錾出装饰表面,凸出区的边缘和背景用光滑的平头錾或雕刻有图案的錾子压平。

用较重的锤和錾凸錾从金属片背面錾出凸出外形

用锤的平端和錾凹錾在金属片正面向下錾凹线条

样片

这种独特的表面肌理制作形式可用来创作复杂且精细的表面图案,也可用来简单地在金属片背面錾凸使作品呈现凸起感。将錾花工艺完美化需要一点时间和耐心,但最终的结果是值得的。除了面具作品和画图作品需要较长时间,这里展示的大多数样片并不太难,可以很快完成。

①～④:基底金属为银

① 正方形图案在背面錾出,接着交替使用长方形和圆头的錾凸錾。使用整平錾从正面压平金属的边缘。

② 主体图案是从背面使用錾凸錾完成的。从正面使用錾凹錾錾出图案的线条,接着在整个作品面使用亚光肌理錾来压平并錾出亚光表面效果。

③ 银片的正、反面都绘出了设计图案。使用线状錾从金属片背面錾出设计图案,使用平錾从正面而不是背面錾平各小图案间的区域。

④ 利用厚织物使银片经过压片机滚出肌理,接着使用划线器在银片反面划出反向字母,用一个錾凹錾勾勒出字母轮廓,然后把字母錾凸。

⑤、⑥:基底金属为铜

⑤ 首先加热铜片以获得好的颜色,退火后使用錾凸錾錾出中间图案。再次加热铜片,用大的圆形冲头重新冲出柔软的圆顶。

⑥ 在铜片反面使用划线器划出逐渐变小的同心圆,并用一錾凸錾錾出各圆轮廓。在各圆之间的正面区域使用圆头錾子錾出最终的形貌。

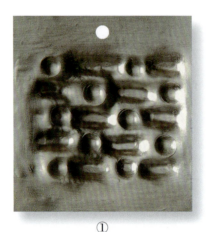

①

②

③

④

⑤

⑥

操作要点提示

- 应用錾花工艺金属片的理想厚度约为0.6mm。如果金属片太薄,操作中可能会将它錾破;如果金属片太厚,就很难錾出形貌。
- 当进行錾花工艺操作时,很快会感觉到金属变硬了,定期退火可保持金属片的柔软。
- 当金属片被放置在沥青中时,让沥青完全冷却,然后再开始操作。如果沥青仍然是热的,金属片会陷得越来越深,使继续操作变得困难。
- 确保金属片正、反面线条清晰。

⑦

⑧

⑦~⑨:基底金属为铜

⑦该面具是在金属的两面都进行錾花操作的结果。在背面和正面操作时都间隔均匀地进行了多次退火处理,以保持金属表面的柔软。最后使用铜刷蘸肥皂水对作品进行了打磨。

⑧通过錾凸操作使该男子的脸部大体凸显出来,然后从正面应用錾凹操作将脸部凹下的细节表现出来。叶形区域只经过轻微的錾凸处理,而主要的叶面是从正面錾平的。

⑨这幅作品的背景区域是从正面被压平的。不同尺寸的圆头錾子从背面錾凸而形成了复杂的设计。

⑨

⑩

⑩、⑪:基底金属为低锌铜

⑩使用錾凹錾錾出图案的轮廓,部分细节部分是从金属片背后錾凸形成的,而前面的细节是通过使用细小的錾凹錾实现的,图案高度和深度的差异是通过使用錾凸錾从金属片背后实现的。

⑪使用⑩中细小的錾凹錾创作出了木纹肌理效果。

⑪

作品展

以下这些作品展示了通过錾花工艺能够实现的各式各样的外观肌理。光滑而美丽的耳钉和吊坠表面与盒盖的精美细节形成了鲜明对比。《车轮耳钉》的外观看似简单，但通过保留手工制作的錾花标记而获得了永恒的价值符号。

贝壳耳钉

制 作 者：Harriet St Leger
材　　 质：925银、18K金
工艺描述：在贝壳状耳钉上起装饰作用的条带和圆点状黄金使得錾花工艺创作出的形状很特别，也有更强的体积感

首饰盒

制 作 者：Julian Stevens
材　　 质：低锌铜
工艺描述：这张精致的图像首先从正面进行錾凹操作，然后从背面进行錾凸操作，最后再次进行錾凹操作

117

首饰表面肌理效果与工艺

⑥ ⑦ ⑨

泪滴项链

制 作 者：Harriet St Leger
材　　质：925银、18K金
工艺描述：三颗均由金丝装饰的925银"泪滴"是通过錾凸操作完成的，三颗"泪滴"被穿于绳上而成为可佩戴饰品

⑥

石榴石吊坠

制 作 者：Harriet St Leger
材　　质：925银、石榴石
工艺描述：这款具有复杂外形的吊坠主要通过錾花工艺完成。它镶嵌有石榴石，很易使人想起新艺术时期的首饰

车轮耳钉

⑤

制 作 者：Jonathan Swan
材　　质：18K黄金
工艺描述：耳钉中使用了錾花工艺，形成了一种使人好奇但简约的设计风格，并突出了该作品由錾花工艺所产生的雕塑效果

图书在版编目(CIP)数据

首饰表面肌理:珐琅工艺、金属雕刻工艺、错金工艺、金珠粒工艺等/(英)麦克格兰斯 (McGrath J.)著;李举子译. —武汉:中国地质大学出版社,2021.1
(中国地质大学(武汉)珠宝学院GIC版权引进系列丛书)
ISBN 978-7-5625-5028-0

Ⅰ.①首…
Ⅱ.①麦…②李…
Ⅲ.①贵金属-首饰-金属表面处理
Ⅳ.①TS934.3

中国版本图书馆CIP数据核字(2021)第075135号

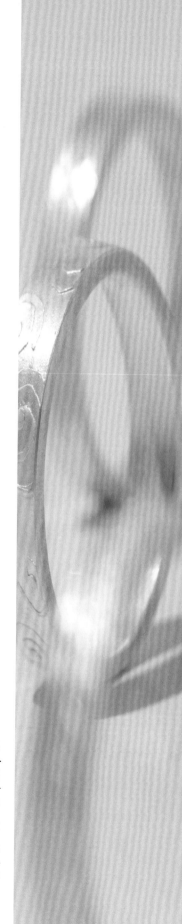

首饰表面肌理:
珐琅工艺、金属雕刻工艺、错金工艺、金珠粒工艺等　　[英]金克斯·麦克格兰斯　著　　李举子　译

责任编辑:龙昭月	选题策划:张 琰　龙昭月	责任校对:徐蕾蕾
出版发行:中国地质大学出版社(武汉市洪山区鲁磨路388号)		邮政编码:430074
电　话:(027)67883511　　传　真:(027)67883580		E-mail:cbb@cug.edu.cn
经　销:全国新华书店		http://cugp.cug.edu.cn
开本:889毫米×1194毫米　1/16		字数:162千字　印张:8
版次:2021年1月第1版		印次:2021年1月第1次印刷
印刷:武汉市籍缘印刷厂		
ISBN 978-7-5625-5028-0		定价:88.00元

如有印装质量问题请与印刷厂联系调换